ATLAS VISUALES OCÉANO

BOTÁNICA

ATLAS VISUALES OCÉANO
BOTÁNICA

OCEANO

Dirección editorial: Carlos Gispert
Dirección del proyecto: Joaquín Navarro
Edición: Xavier Ruiz Fernández
Diseño interiores: Ton Ribas
Diseño cubiertas: Juan Pejoan

ISBN: 84-494-1279-X
Depósito Legal: B-1576-99
10283949

Impreso en España / Printed in Spain

BOTÁNICA

Sumario

INTRODUCCIÓN

Cualquier estudio del mundo vegetal desde una perspectiva evolutiva y ecológica exige una distinción clara entre dos conceptos a menudo utilizados de forma equívoca, como son el de flora y el de vegetación. Dicha distinción debe señalarse, puesto que las causas que determinan una y otra son distintas: la flora es el resultado de causas históricas, mientras que la vegetación responde a factores actuales, esencialmente al clima. La diferencia es tan radical que hubiera dado lugar a dos obras totalmente distintas. La presente se ocupa específicamente de la vegetación. El propósito de este Atlas de Botánica es ofrecer al lector unos elementos básicos que le permitan construir un esquema funcional de la geografía de la vegetación.

La vegetación de una región viene determinada por las respuestas adaptativas, es decir, evolutivas, al medio ambiente y, más concretamente, al clima. Es por ello que se ha incluido una descripción del régimen climático correspondiente a cada una de las vegetaciones consideradas, así como una aproximación a los factores geográficos que las determinan, como circulación general de la atmósfera, orografía, corrientes marinas, etc. Aunque el concepto de vegetación permite comparar paisajes vegetales de localidades muy distantes entre sí, una interpretación a escala de todos los continentes sobrepasa, con mucho, los límites de una obra de divulgación como ésta. Por este motivo nos hemos limitado a tratar un marco geográfico reducido, localizado en Europa y Sudamérica, pero que permite, no obstante, abarcar todas las grandes formaciones vegetales presentes en el planeta.

Este Atlas está dirigido a todas aquellas personas interesadas en incrementar sus conocimientos sobre Botánica, al mismo tiempo que pretende ser una herramienta útil e imprescindible para estudiantes de educación secundaria y primeros cursos universitarios.

LOS EDITORES

Introducción

Flora y vegetación

Cabe investigar el paisaje vegetal de una determinada región desde dos perspectivas diferentes. Si inventariamos e identificamos todas y cada una de las especies presentes, es-

*230 millones de años
(final del PÉRMICO)*

tudiamos la flora. Si atendemos, en cambio, a la fisonomía de las plantas o del paisaje —si son árboles, hierbas o arbustos, o si componen un bosque, una estepa o un desierto—, en ese caso estudiamos la vegetación. Ambos conceptos son reflejo de procesos esencialmente distintos.

La flora es el resultado de acontecimientos pasados, históricos: evolución de la propia vida, historia geológica del planeta, evolución del clima, etc. Por el contrario, si la vegetación de un territorio difiere de la de otro, se debe no tanto a factores de tipo histórico como a la acción del medio ambiente actual, en particular el clima y la naturaleza del suelo. Así, por ejemplo, la vegetación del norte de Canadá y el norte de Rusia presenta idéntica fisonomía y estructura en respuesta a unas mismas condiciones ambientales: un bosque de coníferas especialmente adaptado a un clima con veranos cor-

tos y frescos, e inviernos largos y muy fríos. Sin embargo, la flora es distinta, además de ser la de los bosques canadienses más rica en especies que la de los europeos; ¿las causas?: los acontecimientos geológicos y climáticos (glaciaciones) que experimentaron ambos continentes en el Terciario y comienzos del Cuaternario.

Las regiones florales de la Tierra

La superficie de la Tierra está configurada como un conjunto de gran-

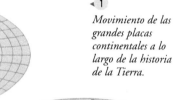

*200 millones de años
(final del TRIÁSICO)*

*135 millones de años
(final del JURÁSICO)*

des placas continentales, cuya posición relativa ha variado en el transcurso del tiempo (fig. 1). Así, mientras que unos continentes se individualizaban en fecha muy remota, otros han permanecido unidos hasta épocas no muy lejanas. Asimismo, el clima del planeta ha experimentado grandes cambios en el curso de la historia. En zonas que hoy día son dominio de la tundra o del desierto polar, como Groenlandia o las islas Spitzberg, se han descubierto fósiles de plantas del Terciario muy parecidas a las que habitan en el presente las regiones templadas.

En definitiva, las distintas regiones del planeta han seguido trayectorias evolutivas más o menos independientes, lo cual ha traído consigo el desarrollo de distintas floras y faunas. Por lo que se refiere a la flora, se distinguen seis grandes regiones florales: holártica, paleotropical, neotropical, capense, australiana y antártica (fig. 2).

La región holártica, la mayor de todas, incluye las tierras del hemisferio septentrional hasta, aproximadamente, los 30° de latitud N. Familias como las betuláceas, salicáceas, ranunculáceas, campanuláceas y otras tienen la mayor parte de sus representantes en esta región. La gran uniformidad florística de este vasto territorio se debe a la estrecha vinculación entre las placas continentales de Eurasia y Norteamérica hasta bien entrado el Terciario. El hecho más significativo es

◀ **1**

Movimiento de las grandes placas continentales a lo largo de la historia de la Tierra.

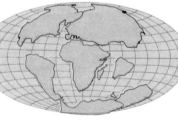

*65 millones de años
(final del CRETÁCICO)*

quizás el empobrecimiento que ha experimentado la flora europea en comparación con la de otras áreas holárticas. Los fósiles de comienzos del Terciario indican que, por entonces, era mucho más rica que en la actualidad, con gran número de especies que ahora sólo se encuentran en Asia oriental o Norteamérica. El empeoramiento del clima que culminó con las glaciaciones trajo consigo la extinción de muchas especies, y las que no se extinguieron fue porque hallaron refugio en las latitudes más meridionales. Durante los períodos interglaciales, al mejorar las condiciones climáticas, la empobrecida flora terciaria recuperaba terreno hacia el

pical se halla integrada por un elevado número de familias de ámbito exclusiva o casi exclusivamente tropical; asimismo, pocas son las familias templadas con representantes en las regiones tropicales. Esta independencia se explica por la evolución más o menos separada de ambas floras, aisladas de antiguo por barreras montañosas o

bles—. Además, familias que en las tierras templadas están representadas por plantas herbáceas, aparecen en los trópicos como árboles o arbustos. Esta oposición entre plantas herbáceas y leñosas ha suscitado diversas interpretaciones. La más generalizada es que el tipo arborescente es más primitivo que el herbáceo. Los datos pale-

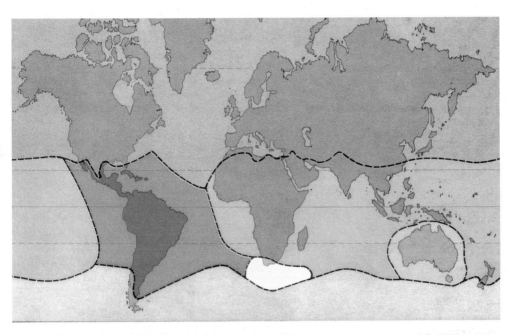

◄ 2

Regiones florales de la Tierra.

	Región holártica		Reg. neotropical		Reg. australiana
	Reg. paleotropical		Reg. capense		Reg. antártica

norte, pero en Europa esos desplazamientos se vieron obstaculizados por las grandes barreras montañosas transversales (Pirineos, Alpes, Cárpatos) y el mar Mediterráneo.

Las regiones florales tropicales ocupan las tierras intertropicales y subtropicales. Son dos: la región *paleotropical* y la región *neotropical,* que corresponden al Antiguo y al Nuevo Mundo, respectivamente. La flora tro-

desérticas (Himalaya, Sahara, Arabia, los desiertos de Irán y Asia Central).

Una de las características más espectaculares de la flora tropical es el extraordinario desarrollo de las formas leñosas. Por ejemplo, para el conjunto del bosque ecuatorial africano, se estima en varios miles el número de especies leñosas —cifras que sobrepasan con creces las que se pueden enumerar en territorios templados compara-

ontológicos parecen indicar que los precursores de las Angiospermas eran árboles; las hierbas habrían aparecido como una adaptación a condiciones de vida especialmente severas: en los climas alpino y ártico dominan de forma absoluta las plantas herbáceas; en las regiones áridas, es notable la abundancia de hierbas anuales; en los suelos rocosos, canchales y sustratos arenosos, es así mismo notable el predominio del elemento herbáceo.

Introducción (continuación)

Globalmente, la flora de Sudamérica es mucho más rica que la de África, con un número muy elevado de familias endémicas. En el curso de la historia de la Tierra, Sudamérica ha permanecido aislada durante mucho tiempo, de modo parecido a Australia, mientras que África ha estado siempre muy vinculada a la región holártica. Además, esta última ha experimentado grandes avatares climáticos que en Sudamérica no se dieron o fueron menos importantes.

La región *antártica* incluye el extremo suroeste de América del Sur, Nueva Zelanda, las islas subantárticas y la propia Antártida. El elemento más característico de esta flora es el género *Notophagus,* por más que no es exclusivo de esta región, pues alcanza el este de Australia y Nueva Guinea.

La región *australiana* abarca el continente homónimo, y se caracteriza por un número altísimo de especies endémicas —más de 8 000 sobre un total de unas 10 000—, lo cual da testimonio de su prolongado aislamiento en el tiempo. Digna de mención es la extraordinaria diversidad del género *Eucaliptus* (mirtáceas), con casi 500 especies. Cabe destacar, así mismo, la abundancia de proteáceas.

Curiosamente, esta última familia cuenta también con representantes en África y Sudamérica, pero es sobre todo en el sur de África y Australia donde alcanza mayor diversidad. Géneros de coníferas típicamente australes como *Araucaria* o *Podocarpus,* presentan también una distribución geográfica discontinua. En la Antártida se han encontrado fósiles de *Podocarpus* y de *Notophagus,* además de polen de proteáceas. Esta afinidad entre la Antártida, Australia y los extremos australes de Sudamérica y África es el postrer testimonio de un vínculo geográfico muy antiguo.

La última y más pequeña de las regiones florales es la *capense,* limitada al extremo austral de África. Su pequeño tamaño no impide que presente una extraordinaria riqueza, sobre todo en mirtáceas del género *Erica,* con casi 450 especies, geraniáceas del género *Pelargonium,* con unas 230 especies, proteáceas y, en las zonas más secas, aizoáceas, en particular el género *Mesembrianthemum.* Algunos autores interpretan esta región como un vestigio de una flora seca muy antigua que, a comienzos del Terciario, ocupaba gran parte de África —la selva ecuatorial africana es reciente y se ha desarrollado precisamente sobre materiales que se formaron en un clima más desértico.

La vegetación: concepto de comunidad vegetal

En cualquier punto de la superficie terrestre, los valores de los diferentes factores ambientales (fundamentalmente los relativos al clima y al suelo) definen un espacio ecológico en el que sólo puede vivir un número limitado de las especies que provee la flora. Son las características fisiológicas de la propia planta las que establecen un margen de tolerancia más o menos amplio, según la especie, fuera del cual es imposible la supervivencia.

Una vez juntas, cada especie tendrá que afrontar la competencia de las vecinas, sea porque tienen sus mismos requerimientos ecológicos, o por los cambios ambientales que aquéllas introducen. Aparece aquí otro factor de selección determinado no por las condiciones físicas, sino por las biológicas. El conjunto de especies que resulta de esta doble interacción de la flora con el medio ambiente físico y el medio ambiente biológico, constituye lo que se llama una *comunidad* vegetal, definida por su composición florística (cualitativa y cuantitativa) y las condiciones físicas en que prospera (fig. 3).

Pero la vegetación influye a su vez sobre los factores ambientales físicos. Las características del suelo las definen tanto el clima y la naturaleza de la roca madre como la vegetación que se asienta sobre él. Por su parte, suelo y vegetación influyen sobre el clima a pequeña escala, sobre todo en las capas de aire más bajas. Este juego de acciones y reacciones conduce a un estado de equilibrio entre la vegetación, el clima y el suelo. Cualquier cambio natural o artificial en uno de ellos desencadena una evolución (*sucesión ecológica*) tendente a restablecer un nuevo equilibrio, idéntico o no al original según la naturaleza de la perturbación. La reconstrucción de la taiga después de un incendio (véase *Los bosques aciculifolios. La sucesión ecológica en la taiga*) es un magnífico ejemplo de sucesión ecológica. No menos ilustrativa es la sucesión que acompaña la colmatación de una laguna o de un lago, o la que se da en las dunas litorales a medida que la arena se consolida y enriquece en materia orgánica.

La vegetación que se desarrolla en lugares de condiciones estándares, como superficies llanas o poco inclinadas, suelos de características medias, que pueden evolucionar hasta constituir el tipo correspondiente al clima, recibe el nombre de *vegetación climácica*; la que

3 ▶

La comunidad vegetal de una zona de la superficie terrestre es el resultado de la selección determinada por el clima, por las características del suelo y por la competencia entre las propias especies vegetales.

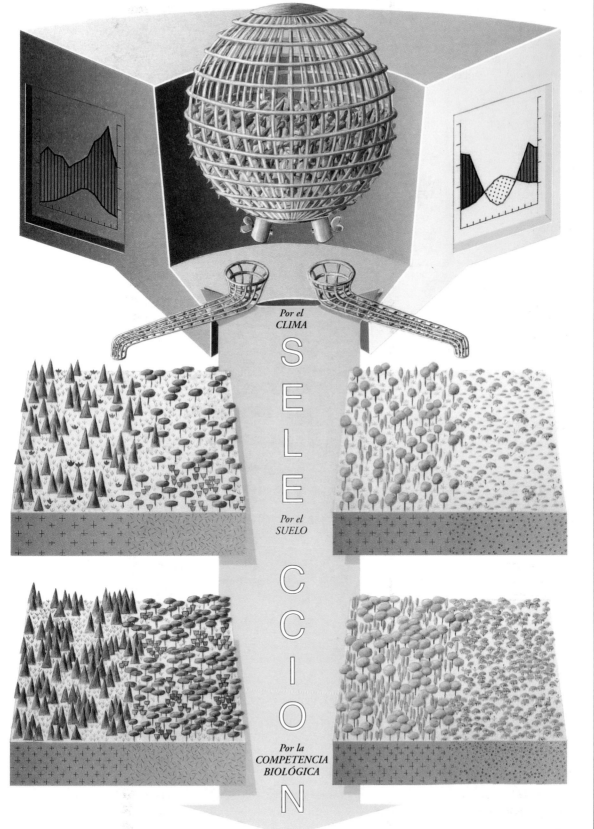

Por el
CLIMA

S
E
L
E
C
C
I
O
N

Por el
SUELO

Por la
COMPETENCIA
BIOLÓGICA

Introducción (continuación)

se instala en lugares de condiciones especiales —rocas, suelos pantanosos o pedregosos, canchales, orillas de ríos, enclaves donde se acumula la nieve, etc.— se denomina *vegetación permanente.* La vegetación climácica depende exclusivamente del clima general; la permanente está determinada por las condiciones que imperan en un ambiente particular. Por tanto, en una región geográfica con unas condiciones climáticas uniformes, la vegetación climácica estará representada por una o dos comunidades, rara vez más, pero el número de comunidades permanentes puede ser muy elevado.

Tipos biológicos de especies

Se puede describir una comunidad vegetal mediante un inventario de las especies que la componen, en el que figure una estimación de su respectiva abundancia. Este método no resulta adecuado cuando se pretende comparar comunidades —los bosques caducifolios y los mediterráneos, o las laurisilvas de Sudamérica y de Europa, por ejemplo—. En ese caso, más que la identidad de las especies, lo que interesa es su función dentro de la comunidad. Recurriendo a una analogía arquitectónica, las especies son los

materiales con que está construida la comunidad, y se puede edificar un mismo tipo de comunidad con diferentes especies. Al igual que un edificio precisa distintos materiales (vigas, cemento, arena, ladrillos, etc.), cada cual con una función específica, en la estructura de una comunidad, las distintas especies o grupos de especies cumplen funciones particulares. Conceptualmente, el *tipo biológico* expresa la función de una especie en la comunidad.

En el mundo vegetal, el sistema de tipos biológicos empleado es el de

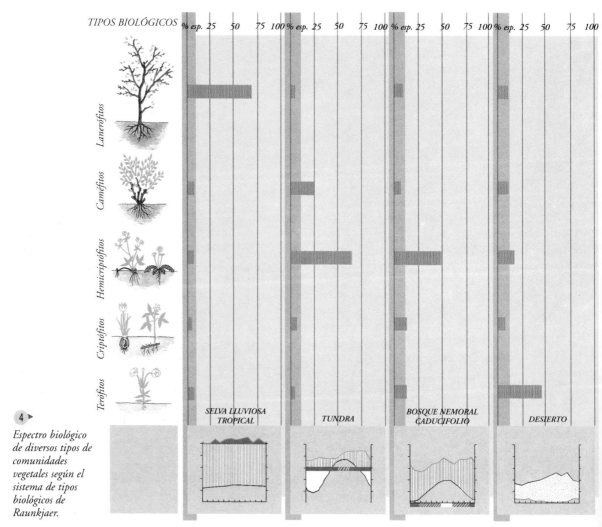

Espectro biológico de diversos tipos de comunidades vegetales según el sistema de tipos biológicos de Raunkjaer.

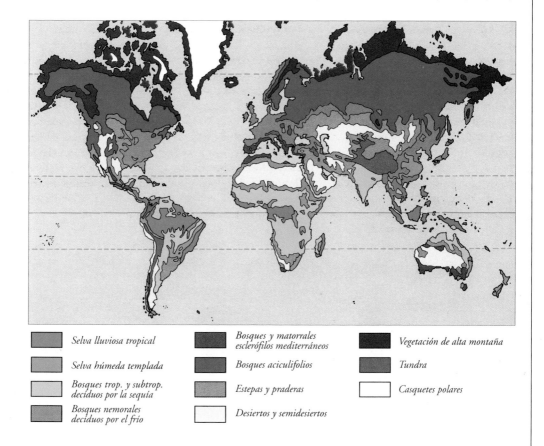

5 ▶

Formaciones bióticas más importantes.

Selva lluviosa tropical

Selva húmeda templada

Bosques trop. y subtrop. deciduos por la sequía

Bosques nemorales deciduos por el frío

Bosques y matorrales esclerófilos mediterráneos

Bosques aciculifolios

Estepas y praderas

Desiertos y semidesiertos

Vegetación de alta montaña

Tundra

Casquetes polares

Raunkjaer, basado en el grado de protección que las plantas prestan a sus órganos de regeneración durante el invierno y, en general, durante los períodos desfavorables —carácter que se relaciona directamente con la altura a la cual se producen dichos órganos—. Este sistema distingue los tipos siguientes:

Terófitos: carecen de yemas de renuevo, por lo que después de florecer y fructificar, la planta muere. El único órgano de regeneración es la semilla. Son las plantas anuales.

Hidrófitos y Helófitos: plantas acuáticas cuyas yemas de regeneración están bajo el agua (*hidrófitos*) o en un suelo empapado en agua (*helófitos*).

Geófitos o Criptófitos: plantas cuyos órganos de regeneración están bajo tierra, a una distancia de la superficie que varía en función de la especie. Pertenecen a este tipo las plantas con tubérculos, rizomas o bulbos.

Hemicriptófitos: plantas cuyos órganos de regeneración están a ras de suelo, protegidos por la hojarasca y los restos vegetales. Típicas de esta categoría son las plantas en roseta.

Caméfitos: plantas con la parte inferior leñosa y persistente, cuyos órganos de regeneración están a menos de 30 cm del suelo. Se incluyen aquí los arbustos enanos o en cojín.

Fanerófitos: plantas cuyas yemas de renuevo se elevan a más de 30 cm del suelo. Son los árboles y los arbustos. Dentro de esta categoría se distinguen diferentes subtipos según la altura: nano-, micro-, meso-, megafanerófitos.

Epífitos: plantas que viven sobre otras sin nutrirse de ellas.

Si se clasifican las especies de una flora o de una comunidad según su tipo biológico, y se expresa el resultado como porcentaje del total de especies, se obtiene un *espectro biológico* (fig. 4). Del modo que Raunkjaer define los tipos biológicos, el espectro refleja fundamentalmente la influencia de los factores climáticos que interesan a las plantas —de ahí su utilidad para comparar floras o comunidades vegetales de distintas regiones geográficas.

Formaciones bióticas

Una *formación biótica* es un conjunto de comunidades vegetales caracterizadas por unos mismos tipos biológicos, combinados en proporciones semejantes. Así, una formación in-

Introducción (continuación)

cluirá todas las comunidades que, sea cual fuere su composición florística, tengan una fisonomía común. Si predominan los árboles, diremos que es una selva o un bosque; si lo hacen los arbustos, hablaremos de matorrales; si los árboles forman un paisaje abierto y entre ellos predominan las hierbas, entonces es una sabana o una dehesa; si son las hierbas las que se llevan todo el protagonismo, estamos ante una

arbóreos, follaje siempre verde, hojas perennes con goteadores; yemas sin protección particular.

— selvas tropicales semideciduas, con una alta proporción de especies que pierden la hoja durante la época relativamente seca. Bóveda forestal con dos pisos arbóreos. Yemas con protección.

— bosques tropicales o subtropicales deciduos, en climas cálidos, con

— bosques caducifolios, que pierden el follaje durante la estación fría. Propios de climas templados.

— bosques aciculifolios, con coníferas de hoja perenne, en climas templados y subpolares.

Sabanas y dehesas (Parques)

Se distinguen tres tipos, según que los árboles permanezcan siempre ver-

6

Diagrama de Holdridge, mediante el cual se puede predecir el tipo de paisaje de una región determinada de la

Tierra según la precipitación anual, la temperatura media anual y la relación de evapotranspiración potencial.

pradera o una estepa. Los distintos sistemas de clasificación establecen múltiples subdivisiones; a continuación se indican las más importantes (fig. 5):

Selvas y bosques

— selvas tropicales lluviosas, con precipitaciones abundantes todo el año. Bóveda forestal con tres estratos

lluvias cenitales y una prolongada sequía. Presentan uno o dos pisos arbóreos, que pierden la hoja en la estación seca.

— selvas húmedas templadas, con follaje siempre verde, en climas templados con lluvias repartidas a lo largo del año.

— manglares o bosques situados a orillas del mar e inundados periódicamente por la marea. Propios de la región tropical.

— bosques esclerófilos, de hoja perenne, en climas con lluvias invernales (clima mediterráneo). Hojas pequeñas y coriáceas, a menudo tomentosas.

des o pierdan la hoja, ya en verano, ya en invierno.

Matorrales

— matorrales de hoja perenne: maquia, garriga, chaparral.

— brezales, con arbustos de hoja ericoide, en climas oceánicos, frescos y húmedos.

— estepas arbustivas, formadas por arbustos bajos y esparcidos, que dejan entre sí grandes espacios de suelo desnudo. Propias de climas áridos.

— tundra arbustiva, con un piso de musgos y líquenes interrumpido por arbustos.

— turberas con arbustos enanos.

Vegetación herbácea

— estepas, con predominio de gramíneas cespitosas, que dejan entre sí espacios más o menos grandes de suelo desnudo.

— praderas, con vegetación herbácea densa, de más de 1 m de altura, con reposo invernal, y con un clima húmedo.

— prados en zonas de clima forestal, sea en alta montaña o bien en tierras más bajas, sin una estación seca acusada.

— formaciones herbáceas condicionadas directamente por el nivel del agua freática: turberas bajas, juncales, pantanos dominados por vegetación herbácea palustre (carrizales, totorales, etc.).

— praderas y matorrales de halófitos.

— vegetación de dunas.

— vegetación rupícola, propia de las fisuras o de la superficie de las rocas.

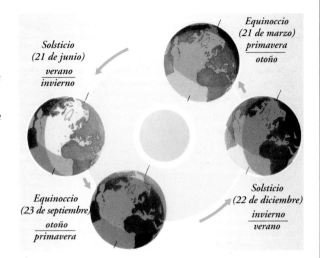

7 ▸
La existencia de estaciones climáticas está determinada por la inclinación del eje de rotación terrestre, que forma un ángulo constante con el plano de su órbita alrededor del Sol.

Por su propia definición, claro está, cada formación biótica se corresponde con unas condiciones climáticas determinadas. El diagrama ideado por Holdridge ilustra muy bien esa correspondencia (fig. 6). Holdridge considera tres factores climáticos significativos para las plantas: la precipitación anual, la temperatura media anual y la relación de evapotranspiración potencial —un valor de 1 para

8
Movimiento de la atmósfera en células de convección desde las latitudes bajas y cálidas hacia las latitudes altas y frías.

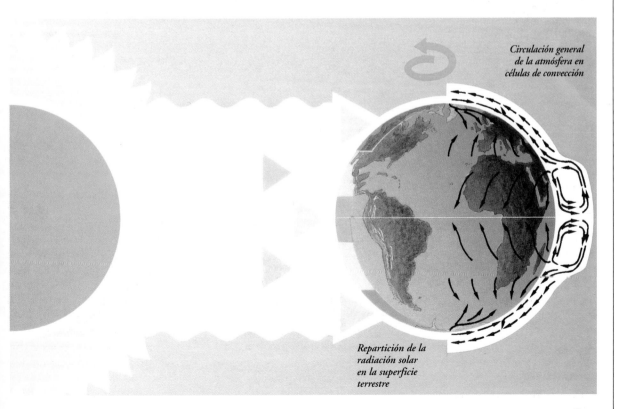

Circulación general de la atmósfera en células de convección

Repartición de la radiación solar en la superficie terrestre

Introducción (continuación)

esta relación indica que el agua llovida es igual a la evaporación potencial; valores más altos significan que la lluvia no alcanza a compensar dicha evaporación. (Se define la evapotranspiración potencial como la máxima pérdida posible de agua en unas determinadas condiciones de cobertura vegetal y clima, suponiendo que se puede proveer el suelo con toda el agua que las plantas pueden consumir.) Al

Clima y regiones climáticas de la Tierra

La Tierra, con sus envolturas fluidas —la hidrosfera y la atmósfera—, se comporta como una gigantesca máquina accionada por la energía que recibe del Sol. Es la circulación general de la atmósfera lo que determina la diversidad de climas, y la fuerza impulsora de esa circulación hay que

rotación de la Tierra fuera perpendicular al plano de su órbita —que no lo es—, ese punto estaría localizado siempre en el ecuador). Al aumentar la latitud, el ángulo de incidencia de los rayos solares es cada vez menor, cubren una extensión mayor y, por consiguiente, la cantidad de energía por unidad de superficie disminuye. Además, como el eje de rotación de la Tierra forma un ángulo constante con

9 ▶

Regiones climáticas de la Tierra según la clasificación de Strahler.

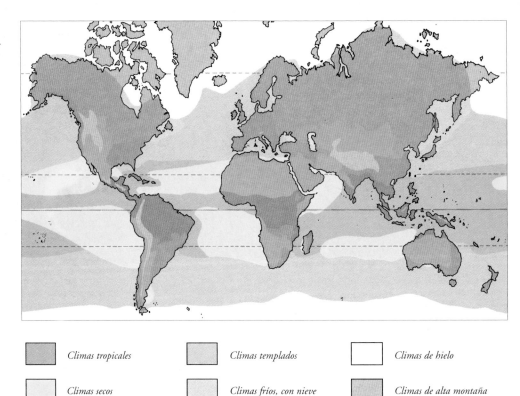

▨ *Climas tropicales*	▨ *Climas templados*	▢ *Climas de hielo*
▨ *Climas secos*	▨ *Climas fríos, con nieve*	▨ *Climas de alta montaña*

relacionar la temperatura media anual con la latitud y la altitud, este diagrama permite predecir qué paisaje sería de esperar, potencialmente, en un lugar determinado de la Tierra. Pero hay que tener en cuenta que en la determinación del clima intervienen también otros factores que no están considerados en el diagrama —por ejemplo, la proximidad del océano, las corrientes marinas, la existencia de barreras montañosas, etc.

buscarla en la desigual repartición de la energía solar por la superficie del planeta.

El progresivo enfriamiento de la atmósfera desde el ecuador hacia los polos se debe a la disminución de la cantidad de energía solar recibida. En efecto, como la Tierra es una esfera que gira en torno al Sol, sólo un punto de su superficie recibe los rayos solares en ángulo recto (si el eje de

el plano de su órbita, el calentamiento de los dos hemisferios es desigual, lo que se traduce en la existencia de estaciones, tanto más acentuadas cuanto mayor es la latitud (fig. 7).

Con aire caliente en las latitudes bajas y frío en las altas, ya tenemos la fuerza impulsora de la atmósfera. El aire caliente, poco denso, tiende a elevarse hacia las capas altas; el frío, más pesado, se hunde, ocupando el lugar del caliente. Este tipo de circulación se denomina convección (fig. 8). En un principio sería de esperar una célula convectiva para cada hemisferio —transportando calor de las latitudes tropicales hacia los polos—, pero en realidad existen tres. Esta multiplicación de las células se debe al llamado efecto de Coriolis, ligado a la rotación diaria de la Tierra, que se manifiesta por una desviación aparente a la derecha —en el hemisferio norte; a la izquierda en el sur— de cualquier objeto o fluido que se mueva libremente por encima de su superficie.

Esta inmensa máquina eólica se carga de humedad por evaporación del agua de los océanos y transpiración de las plantas, y la reparte por la superficie del planeta, devolviéndola como precipitación cuando las bajas temperaturas provocan su condensación en forma líquida (lluvia) o sólida (nieve).

Aunque muy simplificado, este modelo de la circulación general de la atmósfera da razón de la existencia de grandes regiones climáticas con una vegetación (formaciones bióticas) característica asociada. Según la clasificación de Strahler, podemos definir cinco grandes regiones (fig. 9):

Climas tropicales. Temperatura media superior a 18 °C todos los meses, sin variación estacional significativa. Precipitación media anual abundante mayor que la evaporación.

Climas secos. La evaporación es mayor que la precipitación, por lo que no existen corrientes de agua permanentes.

Climas templados. El mes más frío tiene una temperatura media inferior a 18 °C, pero está por encima de −3 °C. Son climas con estaciones térmicas bien definidas.

Climas de nieve. El mes más frío presenta una temperatura media por debajo de −3 °C. La temperatura media del mes más cálido supera los 10 °C.

Climas de hielo. Temperatura media del mes más cálido inferior a 10 °C.

Diagramas climáticos

Para las plantas, los factores climáticos más decisivos son la temperatura y la precipitación. Podría pensarse en

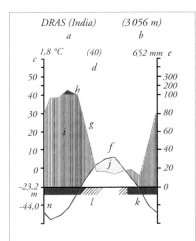

Abscisas: meses del año

Hemisferio norte:
enero ➜ diciembre
Hemisferio sur:
julio ➜ junio

Ordenadas: temperatura (intervalos de 10 °C) y precipitación (intervalos de 20 mm)

definir el clima con sólo estos dos parámetros, expresados por los respectivos promedios anuales, mas, para la vida vegetal, tan importante como estos valores medios, si no más, es cómo se distribuyen ambos factores en el curso del año. Así, junto a los promedios anuales habría que añadir una tabla con los valores mensuales de cada uno. Esto es de gran utilidad cuando interesa disponer de cifras para realizar investigaciones cuantitativas, pero con fines descriptivos o de interpretación general de la vegetación respecto del clima, proporciona más información una representación gráfica.

Un diagrama climático (fig. 10) nos informa, además de la temperatura (*c*) y la precipitación (*e*) medias anuales, de la existencia, duración e intensidad de los períodos relativamente húmedos (*i*) y relativamente áridos (*j*), así como de la duración e intensidad del período invernal frío (*k*) —meses con mínima diaria media inferior a 0 °C— y del peligro de heladas primaverales u otoñales (*l*) —meses con mínima absoluta por debajo de 0 °C.

▸10

Diagrama climático.

LECTURA DE UN DIAGRAMA CLIMÁTICO

a: localidad geográfica
b: altitud sobre el nivel del mar
c: temperatura media anual
d: número de años de observación
e: precipitación media anual
f: curva de temperatura media mens.
g: curva de precipitación media mens.
h: período perhúmedo (más de 100 mm/mes)
i: período húmedo (*g* por encima de *f*)

j: período árido (*f* por encima de *g*)
k: período frío (meses con mínima diaria media inferior a 0 °C)
l: período con heladas (meses con mínima absoluta inferior a 0 °C)
m: temperatura mínima diaria media del mes más frío (°C)
n: temperatura mínima extrema observada (°C)

La selva lluviosa tropical

El clima de la zona ecuatorial

En las inmediaciones del Ecuador, entre los 5° de latitud N y S, el clima es cálido y húmedo, extraordinariamente uniforme. Las diferencias en la duración del día no superan una hora al año (fig. 11). La temperatura media anual es elevada (25-27 °C), y se da la circunstancia de que la variación en el curso del día es mayor que el cambio de la media diaria a lo largo del año. La pluviosidad, así mismo muy alta (2 000-4 000 mm), está repartida de forma más o menos igual durante el año. Los días pueden ser tan iguales,

meteorológicamente hablando, que en ciertas localidades excepcionales, como la isla del Espíritu Santo, en el Pacífico, los nativos no cuentan su edad por años. No obstante, lo corriente es que las condiciones sean algo más estacionales: a partir de los 3° de latitud se dejan sentir, en el transcurso del año, dos estaciones húmedas, más frescas, y dos secas, relativamente más cálidas; pero atención: un mes con menos de 100 mm de precipitación ya se considera seco.

En este clima, la vegetación climácica es la selva lluviosa tropical: un bosque higrófilo, de hoja perenne, alto

(por lo común, con más de 30 m), umbrío, extraordinariamente rico en lianas y epífitos leñosos y herbáceos.

Fisionomía y estructura de la selva lluviosa

Uno de los hechos más señalados de la selva lluviosa tropical es el predominio abrumador del tipo biológico de los fanerófitos, representado por plan-

11

Regiones terrestres con selva lluviosa tropical y diagramas climáticos de diversos puntos situados en dichas zonas.

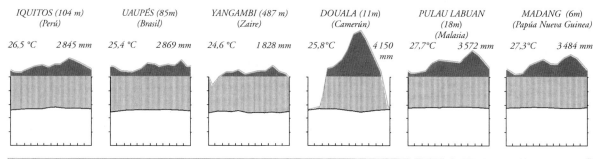

IQUITOS (104 m) (Perú)	UAUPÉS (85m) (Brasil)	YANGAMBI (487 m) (Zaire)	DOUALA (11m) (Camerún)	PULAU LABUAN (18m) (Malasia)	MADANG (6m) (Papúa Nueva Guinea)
26,5 °C 2 845 mm	25,4 °C 2 869 mm	24,6 °C 1 828 mm	25,8°C 4 150 mm	27,7°C 3 572 mm	27,3°C 3 484 mm

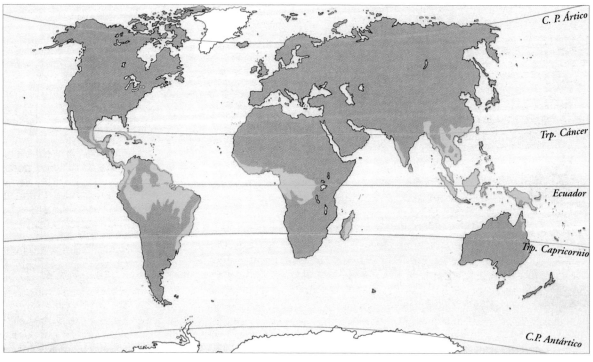

tas leñosas con el porte y las dimensiones de un árbol. Las plantas herbáceas ocupan un lugar secundario; incluso familias que en la región templada están representadas por hierbas de escaso tamaño, en el trópico asumen el tamaño y la leñosidad de un árbol.

Presentan estas selvas una estructura en pisos o estratos, no siempre bien definidos. Se distinguen típicamente tres arbóreos (A, B, C, en orden decreciente de altura), además de los correspondientes arbustivo y herbáceo. La altura respectiva varía de una localidad a otra, si bien el margen es estrecho: 30-40 m para el piso A,

La fisonomía de los árboles selváticos es muy característica (fig. 13). Los troncos se yerguen rectos, con la corteza lisa, de color claro, más delgados en proporción a la altura que los árboles de clima templado; y en comparación con éstos, con la copa más pequeña y las ramas inferiores situadas a mayor altura, sobre todo como resultado de la competencia con los árboles vecinos y de la escasa iluminación que reina en el sotobosque. A este respecto, la copa de los árboles del estrato A tiende a adoptar la forma de paraguas; en los del B, suele ser más redondeada; y en el C es generalmente cónica.

sotobosque, envueltas en una atmósfera más uniformemente húmeda y caliente. Por efecto de ese mismo calor y humedad, los suelos tienden a estar mal aireados y las raíces compiten no sólo por el agua o los nutrientes minerales —como es el caso en los bosques de climas templados—, sino por el oxígeno.

No es de extrañar, pues, que los grandes árboles de la selva lluviosa tengan raíces muy superficiales. Y son precisamente estos los que más a menudo presentan la base festoneada con grandes contrafuertes (fig. 14). Estas estructuras, sin ser exclusivas de la selva

40 m

30 m

20 m

◄ 12

Una de las características de la vegetación de selva lluviosa tropical es el predominio del tipo biológico de los fanerófitos, con plantas leñosas extremadamente altas.

10 m

15-25 m para el B y 10-15 m para el C (fig. 12). El grado de cobertura de cada piso es también variable: el estrato A acostumbra ser el más discontinuo y abierto; el B puede ser continuo o más o menos discontinuo; y el C suele ser el más denso de todos. Cada nivel presenta una composición florística distinta y propia, si bien los pisos inferiores acogen una elevada proporción de individuos jóvenes de los superiores.

En una comunidad forestal alta y densa, estratificada, como es la selva lluviosa, se crean diferentes microclimas. La luz solar incide verticalmente y se atenúa hacia el suelo. Las plantas de los pisos superiores, expuestas a la acción directa del viento y del ardiente sol ecuatorial, tienen que soportar condiciones de franca aridez y deben protegerse del exceso de evaporación. En cambio, la sombra es la nota dominante para las que viven en el

lluviosa, alcanzan en ella su máximo desarrollo. Acerca de su función, ninguna de las teorías propuestas es plenamente satisfactoria. Al parecer, podrían actuar como tensores —algo así como los vientos de una tienda de campaña— y, por supuesto, proporcionan una mejor base de sustentación al árbol. Sin embargo, como han señalado algunos investigadores, pudiera ser que su utilidad no fuera la causa primaria de su aparición.

La selva lluviosa tropical (continuación)

Las hojas muestran una uniformidad asombrosa. La gran mayoría son lauriformes, de color verde oscuro, con el margen entero, rematado en una punta o *goteador* muy característico (fig. 15), y típicamente esclerófilas —textura coriácea; el haz, brillante y lustroso; y de tener algún tomento o pilosidad, siempre se limita al envés—. Por lo general, al pasar del estrato C al A, las hojas tienden a ser más pequeñas y más esclerófilas, a la par que disminuye el tamaño del goteador.

¿Cuál es el significado funcional de estos goteadores? No está del todo claro, pero podrían reportar dos ventajas —las dos relacionadas con el escurrimiento del agua que moja las hojas—. En primer lugar, al impedir que se forme una película de agua sobre la hoja, evitan que se refleje la luz y se reduzca la fotosíntesis. En segundo, en un clima húmedo y escasamente ventoso como el ecuatorial, la acumulación de agua en las hojas reduciría la transpiración, con la consiguiente merma en la absorción de nutrientes.

La selva lluviosa permanece constantemente verde en el transcurso del año, pero cada especie tiene su propio talante. Pocas, si es que alguna, renuevan el follaje continuamente; lo habitual es un comportamiento más o menos rítmico, y ello se refleja en la

14

Contrafuertes de los árboles de la selva lluviosa tropical.

producción de hojas y brotes y, en menor grado, en la floración. Ahora bien, mientras que en un bosque caducifolio todos los individuos de una especie pierden la hoja simultáneamente y en una determinada época del año, aquí cada árbol puede comportarse de una manera diferente y sin que exista una relación clara con las condiciones ambientales: un árbol puede estar sin hojas al mismo tiempo que el vecino las conserva, o un tercero las tiene en unas ramas y en otras no.

Para colmo, las hojas recién brotadas carecen de clorofila y no son verdes (fig. 16). Lo normal es que aparezcan rojas o carmesíes; más raras son las de color amatista o blanco. En las especies que renuevan periódicamente todo el follaje, la impresión es tal que el observador no avisado podría pensar que el árbol está en flor. Además, durante unos días, su aspecto es fláccido y tierno, y penden como si estuvieran marchitas. Con el tiempo, a medida que se vuelven verdes, adquirirán su rigidez característica y la posición erguida.

En busca de una explicación a todas estas singularidades, no es evidente que sean adaptaciones de la planta al medio ambiente: las hojas caen, probablemente, porque la plan-

13 ▶

Los árboles de las selvas lluviosas tropicales son rectos, delgados en relación a la altura, de copa pequeña y con ramas inferiores a mayor altura que las de otros tipos de vegetación climática.

ta tiene un ritmo interno de actividad, no porque perderlas sea ventajoso; y cuelgan porque el crecimiento y el endurecimiento son procesos separados en el tiempo. En un clima con estaciones bien definidas, podría ser ventajoso sincronizar su ritmo interno con el de las estaciones y hacer que las

Ya hemos señalado el abrumador predominio del árbol entre las plantas de la selva lluviosa. Curiosamente, hasta los arbustos aspiran a alcanzar la condición de árboles. Junto a algunas plantas no leñosas que, en rigor, son hierbas gigantes, la mayoría de las que componen el estrato arbustivo poseen

va pluviosa que la diferencian del bosque templado. Posiblemente no sea ajena a este carácter la feroz competencia por la luz que existe en la selva lluviosa, bien patente cuando por una u otra razón se abre un claro en la bóveda forestal: se desata entonces un frenético crecimiento de hierbas, arbustos, lianas y árboles que, en brevísimo tiempo, forman una densa e impenetrable masa de vegetación.

El suelo recibe un 2-5 % de la luz que llega al piso superior de la selva; es decir, reina en él un ambiente francamente sombrío. Y esto se refleja en la naturaleza del piso herbáceo, muy ralo y discontinuo, constituido siempre por un pequeño número de especies. A diferencia de los árboles y arbustos, las hierbas no presentan una fisonomía común.

Quizás el carácter más compartido sea la estructura no esclerófila de las hojas —típicamente ovaladas o elípticas, con el margen no entero, delgadas, tiernas—, a tenor de unas condiciones de temperatura y humedad más constantes que en los estratos superiores del bosque. La tendencia a

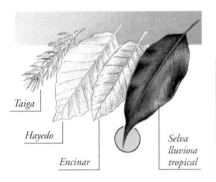

Taiga

Hayedo

Encinar

Selva lluviosa tropical

Follaje
Madera
Materia orgánica
Suelo

SELVA LLUVIOSA TROPICAL

BOSQUE TEMPLADO

15
Hoja característica de la selva lluviosa tropical: lauriforme, verde oscura y con «goteador».

18 ▶
Diferencias entre selva lluviosa tropical y bosque templado.

17 ▶
Caulifloria: cacao (Thebroma cacao) y corteza característica de la

selva lluviosa tropical, lisa, delgada y de color claro.

16 ▶
Hojas jóvenes de la selva lluviosa tropical: tiernas, fláccidas y sin clorofila.

hojas caigan en determinada época del año; o acaso resulte perjudicial esa demora en el endurecimiento, y la selección natural la «penaliza», favoreciendo que ambos procesos se desarrollen al mismo tiempo.

Las flores no merecerían mayor comentario si no fuera porque suelen brotar en lugares bastante insólitos: en el tronco, en las ramas mayores, a veces en cortos vástagos desprovistos de hojas (fig. 17). Este carácter, conocido como caulifloria, está muy extendido en los árboles pequeños y medianos, y en los grandes arbustos.

un tallo leñoso principal y parecen árboles enanos; algunas lo tienen sin ramificar y las hojas se acumulan en lo alto, a modo de copa. Estos árboles en miniatura son tan constantes en la sel-

la hoja ancha es tan universal que hasta las gramíneas y las ciperáceas, que en las praderas y sabanas tienen hojas acintadas o filiformes, se dejan arrastrar por esta «moda».

La selva lluviosa tropical (continuación)

Lianas y epífitos

En la lucha por acceder a la luz, las lianas han conseguido un éxito notable en la selva lluviosa. Sin ser exclusivas de este tipo de bosque, consiguen en él su máximo esplendor. Los tallos, gruesos como un brazo o una pierna, alcanzan longitudes descomunales —se conoce el caso de una palmera trepadora de 240 m, pero lo normal es que no superen los 60 m.

Las lianas tienen el tronco débil y se valen de los árboles como soporte para trepar a los pisos iluminados del bosque. En una comunidad forestal cerrada como la selva lluviosa, el carácter trepador ofrece ventajas manifiestas al permitir que la planta asome entre las copas arbóreas sin realizar una gran inversión en la fabricación del tronco y, por consiguiente, con un crecimiento rápido.

Otra de las estrategias biológicas para abrirse paso hasta la luz consiste en independizarse del suelo y vivir sobre los troncos y las ramas de los grandes de la selva. Y esto es lo que hacen precisamente los epífitos. En un bosque denso y cerrado, el hábitat epifítico es el único disponible para las plantas que combinan el tamaño pequeño con una demanda relativamente alta de luz. Los epífitos, como las lianas, realizan la fotosíntesis y fabrican su propia materia orgánica; por tanto, no son parásitos.

Además de algas, líquenes y musgos, la flora epífita de la selva lluviosa incluye helechos y plantas con flor —los cuales no figuran entre los representantes epifíticos de los bosques templados—. El hábitat de este tipo biológico es de una austeridad tremenda. Cuentan con un suelo poco menos que inexistente y, por si fuera poco, a menudo se ven sometidos a tasas de evaporación altísimas, que crean condiciones de aridez extrema. En semejante ambiente, sobrevive quien puede absorber agua rápidamente cuando la hay, y no la pierde demasiado deprisa en los momentos de crisis. Se ha dicho que la escasez de vida epifítica en los bosques templados se debe no tanto a las bajas temperaturas en sí, como a la larga «sequía» producida por el hielo durante el invierno. En este clima, apenas sobreviven, en calidad de epífitos, algunas plantas inferiores con una demanda de agua relativamente pequeña y una capacidad de reviviscencia alta.

La respuesta inmediata a estas condiciones de aridez —especialmente críticas para los que viven en las ramas superiores de los árboles más altos— es la esclerofilia. Pero al no ser suficiente, han recurrido a adaptaciones extremas para proveerse de suelo y agua. Los helechos-nido, por ejemplo, forman un tupido amasijo de raíces entre las cuales las hormigas anidan y acumulan gradualmente humus. Las

19

Flora epífita de la selva lluviosa tropical.

BROMELIÁCEAS

Rhypsalis

Platycerium

Oncidium

Utricularia

raíces aéreas de las orquídeas poseen un tejido especial —el velamen— que se carga de agua después de los aguaceros y que, con tiempo seco, se llena de aire y actúa de aislante. O la cisterna de agua de lluvia que forman las hojas de las bromeliáceas —familia de epífitos exclusiva de Sudamérica, con gran éxito biológico—, donde se acumulan humus, insectos que caen al agua y restos de los animales que viven en ella, todo lo cual contribuye a alimentar a la planta, que absorbe los nutrientes mediante unos pelos que tapizan la cisterna; el sistema es tan eficaz que las raíces de las bromeliáceas actúan como meros órganos de sujeción.

El ciclo de nutrientes en la selva lluviosa

En los climas con elevada precipitación, el paso del agua a través del suelo arrastra consigo los nutrientes minerales solubles y determina un empobrecimiento del mismo. Y el clima ecuatorial no es una excepción: los cultivos en zonas de selva lluviosa clareadas exigen largos períodos de barbecho al cabo de unas pocas cosechas. No deja de ser paradójico que sobre unos suelos tan pobres se asien-

te la vegetación más exuberante del planeta.

Los nutrientes minerales se originan, en parte, por meteorización de la roca madre, pero sobre todo por descomposición de la materia orgánica que se acumula, en forma de humus, en las capas superficiales del suelo. Bajo las condiciones de humedad y temperatura que imperan en el clima ecuatorial, este humus se transforma rápidamente en materia inorgánica (mineralización). Los nutrientes liberados son absorbidos de inmediato por las plantas —cuyas raíces ocupan precisamente los niveles más superficiales del suelo—, impidiendo así la acción de «lavado» de las lluvias. De este modo se mantiene un ciclo de materia casi cerrado. Se comprende entonces la escasa productividad agrícola de los suelos de la selva lluviosa: con la eliminación de la cubierta arbórea, desaparece asimismo el «capital» de nutrientes del ecosistema, acumulado fundamentalmente no en el suelo, sino en la madera de los árboles.

Los bosques tropicales y subtropicales caducifolios

El clima de la zona tropical

Entre la franja de clima ecuatorial húmedo (5° lat. N - 5° lat. S), vinculado a la _zona intertropical de convergencia_ de los vientos alisios, y el árido clima de desierto, asociado a los anticiclones continentales subtropicales (entre 15 y 35° de lat. N y S), se extiende una región cuyo clima combina características de ambos extremos: las lluvias se concentran en la época del año en que el Sol está en el cenit, alternando con un período seco (fig. 20).

Los vientos alisios, aunque húmedos, pues proceden de los anticiclones oceánicos, son muy estables y no producen lluvias, a no ser que alguna fuerza o accidente geográfico les obligue a elevarse, con el consiguiente enfriamiento y condensación. En la región tropical, dicha fuerza ascensional (bajas presiones atmosféricas) la provee el fuerte calentamiento solar. Se comprende que las lluvias sean cenitales, porque es en el cenit cuando el ángulo de incidencia de los rayos solares es máximo (90°) y, por tanto, máximo es el calentamiento. Al desplazarse el Sol en el cielo, en el curso de las estaciones, arrastra consigo el cinturón de bajas presiones, y con ellas, las lluvias. En el ecuador y sus inmediaciones, el Sol pasa por el cenit dos veces al año —durante los equinoccios—, y se dan dos épocas lluviosas y dos secas; en el otro extremo, en los trópicos, el Sol alcanza el cénit sólo una vez —durante el solsticio de verano, en junio o diciembre, según el hemisferio— y existe una única temporada de lluvias (fig. 21). Y al tiempo que la precipitación se distribuye de modo más fluctuante, la cantidad media anual disminuye (fig. 22).

20 ▸
Regiones terrestres con bosques tropicales y subtropicales caducifolios y diagramas climáticos de diversos puntos situados en dichas zonas.

21 ▸
Trayectoria del Sol en el cielo según la latitud.

ARAUCA (122 m) (Colombia)	ASUNCIÓN (64 m) (Paraguay)	LUBUMBASHI (1 290 m) (R. Dem. del Congo)	MOUNDOU (420 m) (Chad)	DARWIN (30 m) (Australia)	NAGPUR (312 m) (India)
26,9 °C 1 797 mm	24,2 °C 1 392 mm	20,5 °C 1 244 mm	27,6 °C 1 228 mm	28,0 °C 1 330 mm	27,3 °C 1 255 mm

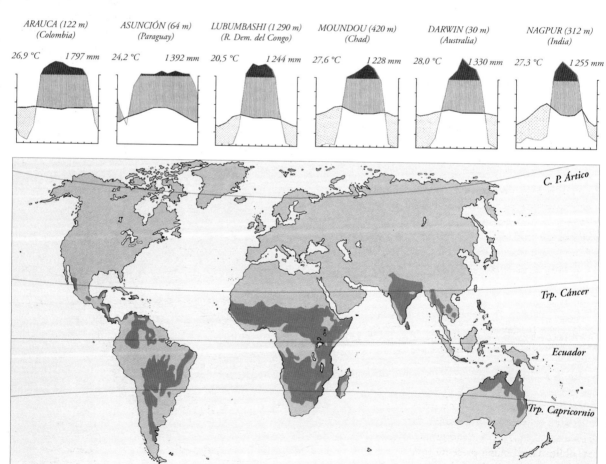

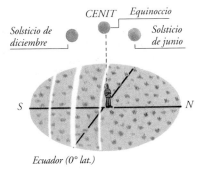

Ecuador (0° lat.)

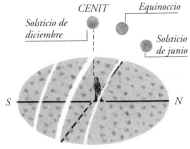

Trópico de Capricornio (23° 30' lat. S)

Paralelamente, el régimen de temperaturas, muy uniforme en las proximidades del Ecuador, adquiere un carácter estacional creciente, como cabe esperar del aumento de latitud.

En este amplio abanico climático, no puede hablarse de un tipo de vegetación característico. Con el progresivo alargamiento del período de sequía y la merma de la precipitación total, la selva lluviosa deja paso a los bosques deciduos —carácter que representa aquí una adaptación a la aridez—. En el límite, según la naturaleza del suelo, las estepas arbustivas o las sabanas graminosas constituyen la antesala del desierto.

De la selva lluviosa a los bosques tropicales deciduos

Dentro del área geográfica de Sudamérica, cuando se habla de transición de las selvas húmedas perennifolias a los bosques secos deciduos, la referencia a Colombia y Venezuela es casi obligada. El clima presenta una gradación perfecta desde cálido y seco

en la costa del Caribe —en particular en la región de la península de Guajira y el golfo de Venezuela, que reciben generalmente menos de 300 mm anuales repartidos de forma muy irregular— hasta cálido y extremadamente húmedo, sin una estación seca definida, en la costa colombiana del Pacífico o en la cuenca alta del Orinoco (fig. 23).

En estrecha relación con el clima, la vegetación presenta cambios muy regulares en estructura y fisonomía. La serie selva tropical perennifolia lluviosa → selva tropical perennifolia con lluvia estacional → selva tropical semidecidua → bosque tropical deciduo → espinar → matorral de cactáceas, corre paralela a la disminución de las precipitaciones y al carácter más fluctuante de éstas.

Entre la selva tropical perennifolia con lluvia estacional y la selva lluviosa

apenas existen diferencias. La primera es algo más baja y menos exuberante que la segunda, y, aun siendo de carácter fundamentalmente perennifolio, algunos árboles del estrato arbóreo superior pueden pasar unos días o unas semanas sin follaje, coincidiendo con los meses relativamente más secos. En realidad, bajo el epígrafe de selva lluviosa suele incluirse ambas formaciones.

Las diferencias son patentes al pasar a las selvas tropicales semidecidua y decidua. El número de pisos arbóreos se reduce a dos, al tiempo que los árboles disminuyen de porte y de diámetro. Los contrafuertes arbóreos, tan característicos de la pluvisilva, se hacen cada vez más raros hasta desaparecer. Las lianas aún están bien representadas en las selvas semideciduas, pero escasean en las deciduas; lo mismo ocurre con los epífitos, que en estas últimas son raros o inexistentes.

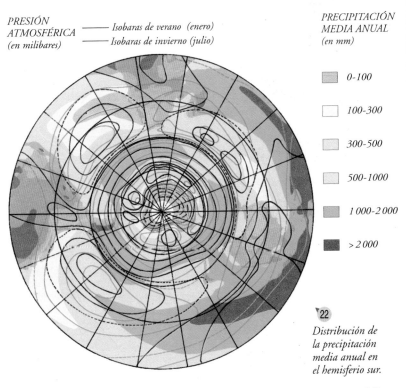

PRESIÓN ATMOSFÉRICA (en milibares)
—— Isobaras de verano (enero)
—— Isobaras de invierno (julio)

PRECIPITACIÓN MEDIA ANUAL (en mm)

- 0-100
- 100-300
- 300-500
- 500-1000
- 1 000-2 000
- > 2 000

Distribución de la precipitación media anual en el hemisferio sur.

Los bosques tropicales y subtropicales caducifolios (continuación)

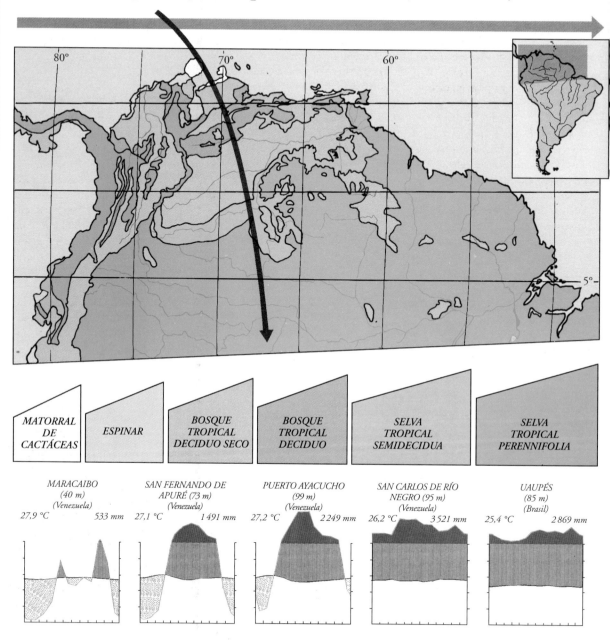

| MATORRAL DE CACTÁCEAS | ESPINAR | BOSQUE TROPICAL DECIDUO SECO | BOSQUE TROPICAL DECIDUO | SELVA TROPICAL SEMIDECIDUA | SELVA TROPICAL PERENNIFOLIA |

| MARACAIBO (40 m) (Venezuela) | SAN FERNANDO DE APURÉ (73 m) (Venezuela) | PUERTO AYACUCHO (99 m) (Venezuela) | SAN CARLOS DE RÍO NEGRO (95 m) (Venezuela) | UAUPÉS (85 m) (Brasil) |
| 27,9 °C ... 533 mm | 27,1 °C ... 1 491 mm | 27,2 °C ... 2 249 mm | 26,2 °C ... 3 521 mm | 25,4 °C ... 2 869 mm |

En la selva semidecidua, el piso arbóreo superior contiene especies de hoja caduca en la proporción del 25 al 40 % del total; las restantes espécies son perennifolias, aunque pueden perder la hoja facultativamente. En cambio, en la selva decidua, más de dos tercios de los árboles del piso superior pierden la hoja regular y obligadamente. El piso arbóreo inferior se mantiene fundamentalmente perennifolio, como sería de esperar de un microclima más húmedo. El tamaño de las hojas tiende a disminuir en favor de las micrófilas.

En la variante más seca del bosque tropical deciduo, es muy característica la existencia de un piso arbóreo bajo, mayoritariamente esclerófilo y peren- ne, del que sobresalen, dispersos, árboles de mayor tamaño, deciduos, representados por bombacáceas de tronco grueso e hinchado —macombo (*Cavallinesia platanifolia*), ceiba (*Bombacopsis quinata*)—, que les sirve como depósito de agua.

En condiciones de aridez más acentuada, este bosque seco deja paso al espinar. Se trata de una comunidad de árboles pequeños (3-10 m), en su mayoría espinosos, de follaje persistente, esclerófilo, o que lo pierden en la época seca. Son muy típicas las especies de mimosáceas (*Prosopis, Acacia*), leguminosas cesalpinoideas (*Caesalpinia*) y caparidáceas (*Capparis*). El suelo, sin hierbas, acoge una vegetación baja de bromeliáceas y cactáceas suculentas. En el límite de aridez, son precisamente las cactáceas las que caracterizan el paisaje, formando un semidesierto de cactos columnares mezclados con pequeños arbustos de hoja muy reducida, y bromeliáceas terrestres (fig. 24).

Estrategias adaptativas de los árboles ante la sequía

Ante un período de sequía prolongado, los árboles optan, en general,

—presentan hojas grandes, higromorfas, sin adaptaciones especiales para economizar agua, y las pierden durante la época seca, evitando así la deshidratación. Ésta es la vía adoptada por la vegetación arbórea de los climas tropicales con lluvias de verano.

¿Por qué los árboles tropicales no adoptan la vía de los esclerófilos mediterráneos? La hoja esclerófila permite fotosintetizar durante todo el año, pero exige una gran inversión de materia, el doble o el triple que una hoja higromorfa. Ésta, más económica de fabricación, sólo produce durante un período de tiempo corto, pero su actividad fotosintética es mayor al serlo también su superficie.

Los suelos forestales tropicales son muy pobres en nutrientes y ello moti-

fueran esclerófilas. No se olvide que, en las tierras tropicales, la temperatura no es un factor que limite la actividad vegetal.

Una anomalía: los Llanos de Colombia y Venezuela

La región de los Llanos es una inmensa llanura imperceptiblemente inclinada hacia el sureste, que se extiende en la margen izquierda del Orinoco a través de Colombia y Venezuela, con una longitud de unos 1 000 km y una anchura que puede llegar a los 400 km. El clima presenta un período seco de diciembre a abril, y una época de lluvias que se prolonga los siete meses restantes, con una precipitación total del orden de 1 300 mm (fig. 25). En estas condiciones, sería de esperar una selva tropical semidecidua o decidua, pero en

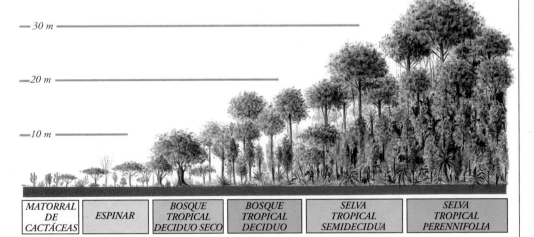

◄ 23

Transición de las selvas húmedas perennifolias a los bosques tropicales deciduos en el área geográfica de Sudamérica.

— 30 m

— 20 m

24 ►

Modificación de las características de la vegetación en la transición de selva tropical perennifolia a paisaje semidesértico.

— 10 m

| MATORRAL DE CACTÁCEAS | ESPINAR | BOSQUE TROPICAL DECIDUO SECO | BOSQUE TROPICAL DECIDUO | SELVA TROPICAL SEMIDECIDUA | SELVA TROPICAL PERENNIFOLIA |

por una de las dos estragegias de adaptación siguientes:

— presentan hojas esclerófilas, que se mantienen verdes durante la época seca. Tal es el caso de la vegetación mediterránea, propia de un clima con lluvias de invierno y una acusada aridez estival.

va una intensa competencia entre las plantas. En esas circunstancias, resultarán favorecidas las que necesiten menos materia para fabricar su follaje, es decir, las que presenten hojas higromorfas. Cuando llega la época seca, el árbol se desprende de ellas porque no están adaptadas a la aridez, pero el gasto de nutrientes es menor que si

su lugar aparece un paisaje inesperado, una sabana más o menos arbolada.

El vocablo *sabana,* probablemente de origen caribeño, no tiene una connotación científica precisa. En general, el término se aplica a las formaciones vegetales dominadas por gramíneas, con arbustos abundantes, sin árboles o

Los bosques tropicales y subtropicales caducifolios (continuación)

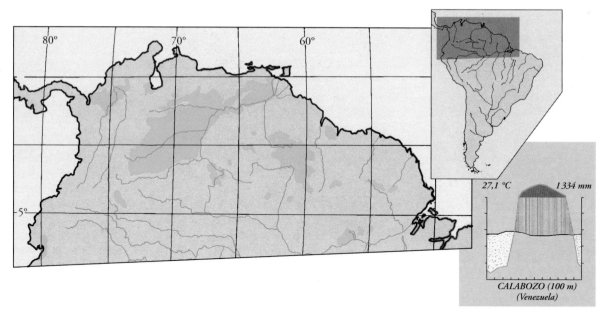

con sólo algunos dispersos o formando pequeños bosquetes que se distribuyen irregularmente por el paisaje (*matas de monte*) o siguen el curso de los ríos y riachuelos (*bosques de galería*). Tal es el paisaje que agota la mirada del viajero que cruza los Llanos.

Entre la extraordinaria diversidad de gramíneas llaneras, predominan las especies de los géneros *Andropogon, Paspalum, Axonopus y Panicum.* Como árboles característicos de estas sabanas, por lo general de escasa altura y con follaje persistente, cabe citar el chaparro (*Curatella americana*), el alcornoque (*Bowdichia virgilioides*), el chaparro matecón (*Byrsonima crassifolia*) y el bototo (*Cochlospermum vitifolium*), este último de hoja caediza. Las palmeras —*Copernicia tectorum, Mauritia minor*— son elementos muy conspicuos de este paisaje, vinculadas siempre a suelos que, por inundación o por tener un nivel freático muy elevado, permanecen húmedos durante largos períodos (fig. 26).

El origen de estas sabanas ha sido y es objeto de interesantes controversias. En lo que todo el mundo coincide es en que no son climáticas. La discusión se centra en si son de origen edáfico —vinculadas a la naturaleza del suelo— o se deben a causas no naturales, en particular a la acción del ser humano en forma de incendios y pastoreo.

Lo cierto es que las causas que impiden el crecimiento de los árboles pueden ser diversas. Por ejemplo, en las depresiones que se inundan con las avenidas fluviales y permanecen anegadas durante varios meses, la vida arbórea está excluida, excepción hecha de la palmera *C. tectorum.* Por otro lado, el suelo de los Llanos orientales es un puro arenal; estas arenas ya debieron de ser pobres en nutrientes cuando se depositaron durante el Pleistoceno —rellenando lo que en el Terciario había sido una cuenca marina—, de modo que, posiblemente, nunca han sustentado una vegetación forestal.

Una tercera explicación, también edáfica, relaciona estas sabanas con la presencia de una coraza (*arrecife*) de sesquióxido de hierro a una profundi-dad de 30-80 cm, cubierta de sedimentos aluviales finos (suelos lateríticos). Estos suelos, muy extendidos en la región central de los Llanos, se formaron en una época en que el nivel freático estuvo más alto que en la actualidad. Pues bien, según los defensores de esta hipótesis, buena parte de la lluvia pasa a través del arrecife: de los 1300 mm, unos 1000 lo atravesarían y sólo restarían 300 mm en la capa superficial de suelo. Allí donde los árboles no pueden penetrar con sus raíces en el arrecife, disponen de una precipitación efectiva de 300 mm escasos, y con estos valores —siendo el suelo arenoso—, la competencia favorece claramente a las gramíneas, que ocupan todo el suelo con su profuso sistema radicular. Los árboles crecen sólo donde sus largas y dispersas raíces encuentran grietas en la coraza para alcanzar el nivel freático profundo. Según esto, las matas de monte corresponderían a enclaves donde no existe arrecife o éste es delgado (fig. 27).

El fuego, omnipresente en los Llanos, debe de haber modificado la vegetación en el sentido de ampliar la

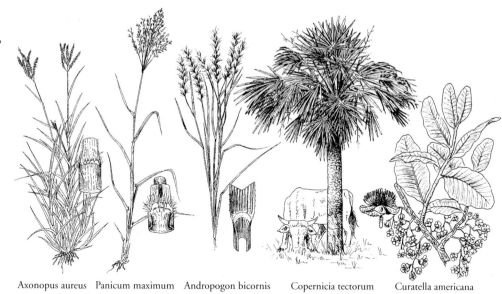

◄25

Situación y diagrama climático típico de la región de los Llanos de Colombia y Venezuela.

26►

Especies vegetales típicas de la región de los Llanos.

Axonopus aureus   Panicum maximum   Andropogon bicornis   Copernicia tectorum   Curatella americana

cubierta de gramíneas y favorecer las especies de árboles y arbustos más resistentes, como es el caso de las palmeras.

Bosques secos y estepas arbustivas subtropicales: un transecto del Chaco a la Patagonia

Una ojeada al mapa mundial de precipitaciones nos muestra que, salvo el Sahara —que forma una franja desértica continua a través de África, por la influencia de la masa continental asiática—, las tierras desérticas tropicales se hallan constreñidas en el margen occidental de los continentes por una cuña de altas precipitaciones que mengua de norte a sur. No son ajenas a esta asimetría las corrientes marinas cálidas que bañan las costas

27

El origen de las sabanas de la región de los Llanos responde más a factores edáficos (vinculados a la naturaleza del suelo) y a la acción del ser humano que a factores de tipo climático.

Los bosques tropicales y subtropicales caducifolios (continuación)

orientales de los continentes, ni el carácter húmedo e inestable del borde occidental de los anticiclones oceánicos subtropicales. Un detalle llama la atención: esta cuña de humedad es más ancha en Sudamérica que en los continentes australes equivalentes, África y Australia. Ésta es la causa de la enorme extensión que cubren los bosques y las estepas secos subtropicales en las tierras sudamericanas.

El Chaco

En este ámbito, con un clima tropical húmedo-seco, la región del Chaco se extiende como una inmensa llanura, con ligeras depresiones, por el sur de Bolivia, el oeste de Paraguay, el suroeste de Brasil y el norte de Argentina. Las precipitaciones, siempre cenitales, disminuyen de norte a sur y de este a oeste, paralelamente al alejamiento de la cuña de bajas presiones antes señalada.

La vegetación chaqueña característica es un bosque deciduo —el quebrachal—, que pierde el follaje durante la época seca. Junto a estos bosques se dan asimismo palmares y sabanas arboladas, pero tanto unos como otras están ligados a factores edáficos, no al clima.

Tiene el quebrachal la estructura típica de los bosques tropicales secos, con dos estratos arbóreos: el superior (20-25 m), abierto, dominado por distintas especies de quebracho colorado (*Schinopsis balansae, S. lorentzii*...) que se reemplazan unas a otras según la aridez; el inferior (10 m), caracterizado por la presencia de algarrobos (*Prosopis alba, P. nigra*), de acacias (*Acacia caven, A. praecox*), de brea (*Cercidium praecox*).

El estrato arbustivo, bien desarrollado, adquiere una densidad particularmente compacta y espinosa cuando se da un pastoreo excesivo. Las cactáceas, infrecuentes en los quebrachales vírgenes, adquieren notable presencia en los alterados, representadas por diversas especies de alto porte, de los géneros *Opuntia, Cereus, Harrisia*. Por último, el estrato herbáceo acoge gran riqueza de gramíneas, muy codiciadas por el ganado, y junto a ellas, feroces bromeliáceas de aceradas hojas espinosas (*Bromelia serra, Dyckia ferox*) que pueden convertir el tránsito por estos bosques en un calvario.

El espinal

Limitando el Chaco por el sur y formando un arco en torno a la Pampa (véase *La Pampa*), aparece el espinal, formación arbórea emparentada con el bosque chaqueño, aunque de estructura más sencilla, como corresponde a un clima más árido. En efecto, las lluvias siguen siendo estivales, pero en promedio son inferiores a las del Chaco, disminuyendo de norte a sur. Y con el aumento de latitud, las temperaturas presentan un tono más templado y estacional.

La estructura del espinal es la de un bosque chaqueño del que se hubiera eliminado el estrato de quebracho colorado. Se trata, por tanto, de un bosque seco, deciduo por la sequía, con un solo estrato arbóreo que rara vez supera los 10 m, caracterizado por diversas especies de *Prosopis* (*P. algarrobilla, P. nigra, P. alba*), a las que se suman otros árboles típicamente chaqueños, como la tala (*Celtis tala*), el chañar (*Geoffrea decorticans*), el incienso (*Schinus longifolia*) y otros, además de una palmera muy típica: el caranday (*Trithrinax campestris*), de 2 a 4 m de altura.

El monte

En el límite sur del área de distribución del espinal desaparece por completo la influencia de las lluvias de verano, con la particularidad de que no son sustituidas por ninguna otra fuente de precipitación considerable. A estas latitudes, los vientos del oeste, húmedos, serían una magnífica fuente de agua si no encontraran en su trayectoria la cordillera de los Andes, donde la pierden prácticamente toda. Así las cosas, se crea un auténtico vacío de precipitaciones, con valores entre 80 y 200 mm anuales, que en el norte se concentran en verano, mientras en el sur son principalmente de invierno y primavera.

Con tan escasa humedad ya no es posible la vida arbórea y el bosque del espinal se retira ante un matorral xerófilo, en parte perenne, en parte deciduo: el *jarillal*. Se trata de una comunidad arbustiva de 1-2 m de altura, caracterizada por distintas especies de jarilla (*Larrea divaricata, L. cuneifolia, L. nitida*) a las que se suman la mata sebo (*Monttea aphylla*), el monte negro (*Bouganvillea spinosa*) y especies arbustivas de *Prosopis*, todas ellas con morfología típicamente xeromorfa. Unas y otras crecen separadas, dejando entre sí amplias extensiones de suelo desnudo, colonizado por geófitos, efemerófitos y suculentas, tipos biológicos particularmente adaptados a los climas áridos.

De hecho, nos hallamos a las puertas mismas de un desierto, o mejor, de un semidesierto frío: la Patagonia (véase *La Patagonia*).

28 ▶

Modificación de las características de la vegetación en el transecto del Chaco a la Patagonia.

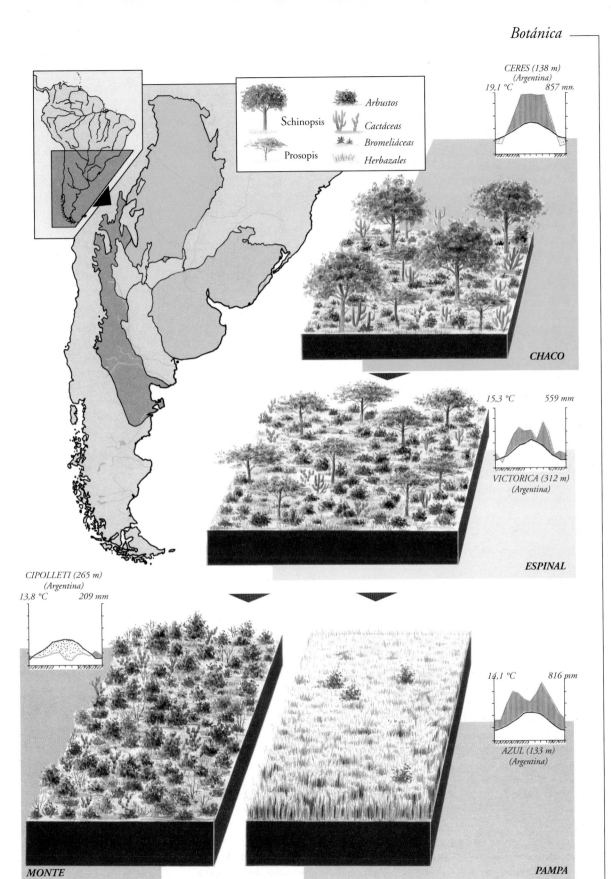

Schinopsis
Prosopis

Arbustos
Cactáceas
Bromeliáceas
Herbazales

CERES (138 m)
(Argentina)
19,1 °C   857 mm.

CHACO

15,3 °C   559 mm

VICTORICA (312 m)
(Argentina)

ESPINAL

CIPOLLETI (265 m)
(Argentina)
13,8 °C   209 mm

14,1 °C   816 mm

AZUL (133 m)
(Argentina)

MONTE

PAMPA

Las selvas húmedas templadas

Regiones de clima templado cálido

La laurisilva o selva templada de hoja persistente representa la vegetación característica de un régimen climático con estaciones bien definidas, pero falto de contrastes acusados: la variación anual de la temperatura es moderada, sin que ello excluya las heladas invernales; y las precipitaciones, abundantes, están bien repartidas a lo largo del año, sin que exista una estación seca definida.

Estas condiciones se dan en tres regiones geográficas distintas, y por razones no menos dispares: 1) a lo largo del margen oriental de los continentes en las latitudes de 25 a 35°; 2) en las costas continentales de poniente entre 40 y 55° de latitud; y 3) en las islas situadas entre 25 y 35° o 40° de latitud. Ejemplo de la primera son las tierras del sureste del Brasil y las inmediaciones de Argentina, Paraguay y Uruguay. A la segunda categoría corresponde, con diversos matices, el territorio costero de Chile desde Valdivia al extremo sur del continente. Y ya en la tercera, las islas Canarias, Madeira, Azores y Cabo Verde, que en conjunto integran la llamada región macaronésica.

Características de la laurisilva

Las laurisilvas son bosques típicamente perennifolios y pluriespecíficos. Perennifolios porque la benignidad del clima permite una actividad biológica continua, y pluriespecíficos por la notable diversidad de especies arbóreas en la bóveda forestal. En efecto, a falta de una fuerte presión selectiva ambiental, el número de especies que comparten el estrato arbóreo es elevado (casi 100 especies de árboles se han descrito en la selva misionera argentina; unas 20 en las islas Canarias), sin llegar a los valores de las selvas tropicales. Es precisamente esta pluriespecificidad lo que

les merece la denominación de selva, en contraste con los «bosques» (bosques mediterráneos, bosques templados caducifolios), cuyo dosel arbóreo es monoespecífico o está dominado por una o unas pocas especies. En este sentido, la laurisilva es una formación de tránsito entre los bosques templados y las selvas tropicales.

Sin embargo, a pesar de tamaña variedad, existe una notable convergencia morfológica entre las diferentes especies de árboles, sobre todo en las hojas, que corresponden mayoritariamente al tipo laurel: anchas, ovales, coriáceas, lustrosas. De ahí el nombre que recibe esta formación: *laurisilva.*

La laurisilva misionera

Las costas de Brasil y Argentina, entre los 25 y 35° de latitud, se hallan bajo un régimen meteorológico típico de laurisilva. Esta región cae todavía en el área de influencia del anticiclón subtropical, que por este flanco envía aire cálido, húmedo e inestable hacia las latitudes altas. Durante el verano se refuerza el anticiclón y aumenta el flujo de aire húmedo, el cual, al elevarse y enfriarse, produce fuertes precipitaciones. En invierno se retira el anticiclón y se refuerza la entrada de aire polar por el oeste, lo que origina borrascas portadoras de lluvias (fig. 29). En conjunto, la precipitación media anual varía, según las localidades, entre 1500 y 2000 mm. La temperatura media ronda los 20-21°C, con inviernos suaves y veranos no excesivamente calurosos, debido al efecto moderador de las abundantes lluvias. Esta suavidad no excluye que puedan sobrevenir heladas e incluso nevadas en las regiones más elevadas, lo cual es un factor limitante para ciertas especies propias de latitudes más bajas. Un clima de estas características se califica de subtropical húmedo, o templado lluvioso con veranos cálidos.

Y en este clima se instala una laurisilva extraordinariamente rica y exuberante, con 35-40 especies arbóreas por hectárea distribuidas en tres estratos —el superior con 20-30 m de altura—, un sotobosque denso y abundantísimas lianas y epífitos. Entre los árboles más frecuentes, el guatambú (*Balfourodendron riedelianum*), el laurel (*Nectandra saligna*), la canela layana (*Ocotea pulchella*), la cancharana (*Cabralea oblongifolia*), la vasouriña (*Chrysophyllum marginatum*) y muchos otros. Las palmeras, no muy abundantes en esta región, están representadas por el pindó (*Arecastrum romanzoffianum*) y el palmito (*Euterpe edulis*). En el estrato arbóreo más bajo, la presencia de helechos arborescentes, como el chachí (*Alsophila atrovirens*), denota el carácter higrófilo de esta formación vegetal (fig. 30).

El sotobosque arbustivo, también muy rico en especies, acoge formas vegetales tan características como los bambúes (bambúseas), representados por los géneros *Guadua, Chusquea* y *Merostachys,* que en ocasiones forman cañaverales impenetrables. Estas plantas florecen una sola vez al cabo de un largo período vegetativo, que puede llegar a los 30 años; producidos los frutos, la planta muere, pero las semillas germinan rápidamente y en pocos meses forman un nuevo cañaveral.

En el piso selvático viven diversas gramíneas de hoja ancha y, sobre todo, helechos, además de otras especies herbáceas. Las lianas son muy abundantes, con representantes de diversas familias, algunas con flores bellísimas, como *Pyrostegia venusta o Mustisia campanulata.* No menos multitudinaria es la flora epífita, con numerosas bromelias, helechos, briófitos y espectaculares orquídeas. Incluso las plantas estranguladoras, tan características de las selvas tropicales,

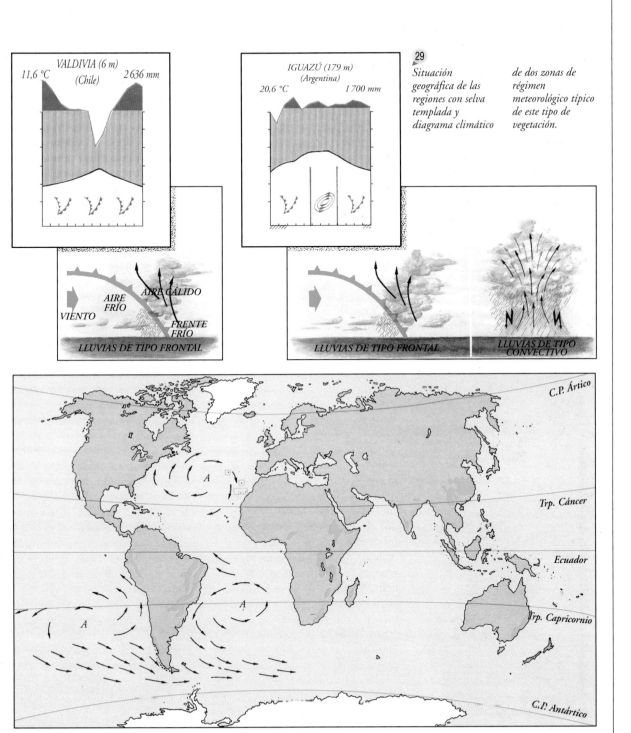

VALDIVIA (6 m)
(Chile)
11,6 °C   2 636 mm

IGUAZÚ (179 m)
(Argentina)
20,6 °C   1 700 mm

Situación geográfica de las regiones con selva templada y diagrama climático de dos zonas de régimen meteorológico típico de este tipo de vegetación.

AIRE CÁLIDO

AIRE FRÍO

VIENTO

FRENTE FRÍO

LLUVIAS DE TIPO FRONTAL

LLUVIAS DE TIPO FRONTAL

LLUVIAS DE TIPO CONVECTIVO

C.P. Ártico

A

Trp. Cáncer

Ecuador

A

A

Trp. Capricornio

C.P. Antártico

tienen aquí un representante: el higuerón (*Ficus monckii*), que emite finas y largas raíces en torno del árbol que le sirve de soporte, aprisionándolo y causándole a menudo la muerte.

En esta misma región, donde el terreno gana altitud, con un clima igualmente húmedo pero más frío, aparece una laurisilva de composición no muy distinta de la anterior, con la adición de una conífera de inolvidable presencia: el pino o curí (*Araucaria angustifolia*), árbol imponente que, con casi 30 m de altura, sobresale por encima del dosel arbóreo superior,

Las selvas húmedas templadas (continuación)

comunicando a la selva una fisonomía peculiar. Típica de estas selvas de altura es la célebre yerba mate (*Ilex paraguayensis*), cuyas hojas, picadas y convenientemente tratadas, son la materia prima del popular mate.

Las laurisilvas no sobrepasan los 1000 m de altitud. A mayores alturas, hasta 1800 m, en el altiplano del sur del Brasil, ceden su puesto a los pinares, en los que la araucaria se acompaña de otra conífera (*Podocarpus lambertii*) y algunas especies de la familia del mirto (mirtáceas).

La laurisilva valdiviana

El clima mediterráneo supone una fórmula de compromiso entre la influencia cálida y seca del borde oriental de los anticiclones subtropicales (verano seco y caluroso) y la corriente de aire polar —antártico o ártico—, responsable de las borrascas portadoras de lluvias (invierno fresco y húmedo).

A medida que aumenta la latitud, se acentúa la influencia de las borrascas, que, en su viaje de oeste a este, barren las costas occidentales de los continentes, descargando en forma de copiosas precipitaciones la elevada humedad que transportan. Precipitaciones que se multiplican si esas masas de aire encuentran montañas en su camino. El clima resultante es más húmedo y más fresco que el mediterráneo, pero con una oscilación anual de la temperatura moderada por la proximidad del océano.

Éstas son las condiciones climáticas que dominan en el sur de Chile entre los 38 y 45° de latitud. Las precipitaciones son abundantes —de 1500 a 5000 mm según las localidades— y están regularmente repartidas en el transcurso del año, si bien aún se nota el influjo mediterráneo con 3-4 meses subhúmedos en verano. Las temperaturas son muy constantes y suaves, sin que en ningún mes la media caiga por debajo de 5 °C, y con valores para el mes más cálido inferiores a 22 °C.

Y a tal clima, tal vegetación: la laurisilva valdiviana. Se extiende esta selva por la cordillera de la Costa y el Llano Central, ganando altura por las laderas andinas. Las diferentes condi-

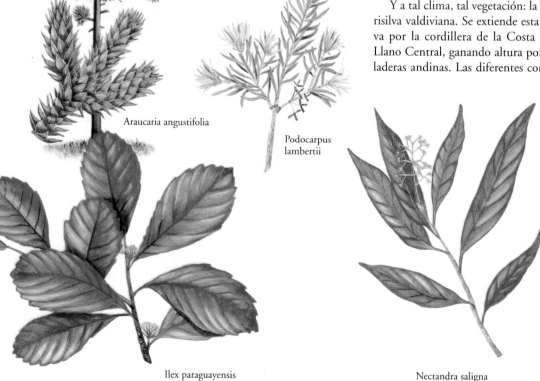

Araucaria angustifolia

Podocarpus lambertii

Ilex paraguayensis

Nectandra saligna

ciones ambientales favorecen unas u otras especies, lo que da lugar a diversas asociaciones forestales. En la más exuberante, el coigüe (*Notophagus dombeyi*), árbol gigantesco que puede alcanzar 40-50 m de altura, se asocia con ulmo (*Eucryphia cordifolia*), olivillo (*Aetoxicum punctatum*), tineo (*Weinmannia trichosperma*), laurel (*Laurelia sempervirens*), tepa (*L. philippiana*), lingue (*Persea lingue*), palo blanco (*Dasyphyllum diacanthoides*), avellano (*Gevuina avellana*) y otras especies. Se acompaña este rico dosel arbóreo de un estrato arbustivo denso —en el que no podían faltar las bambúseas: coligüe (*Chusquea coleuaa*) y quila (*Ch. quila*)—, que contribuye a formar una selva muy tupida. En el piso herbáceo es de señalar la gran profusión de helechos, como el ampe (*Lophosoria quadripinnata*) o la palmita (*Blechnum chilense*). Y junto a los helechos, otro elemento típico de estos bosques, las lianas, con especies tan celebradas como el copihue (*Lapageria rosea*) y el voqui (*Campsidium valdivianum*). Los musgos son los principales representantes del modo de vida epífito, formando en ocasiones largas «barbas» colgantes que confieren

al interior del bosque un carácter un tanto irreal y fantasmagórico (fig. 31).

Con la altitud, el clima se enfría y selecciona una especie tras otra hasta que el coigüe se convierte en dominante absoluto, sin competencia. Paralelamente a esta filtración de especies de hoja lauriforme, cobran mayor importancia las coníferas: el mañío (*Podocarpus nubigenus*), el mañío hembra (*Saxegothea conspicua*), el alerce (*Fitzroya cupressoides*) —de lentísimo crecimiento y extraordinaria longevidad (hasta 4 000 años)— y el len o ciprés de las Guaitecas (*Pilgerodendron uviferum*) son algunas de las más características.

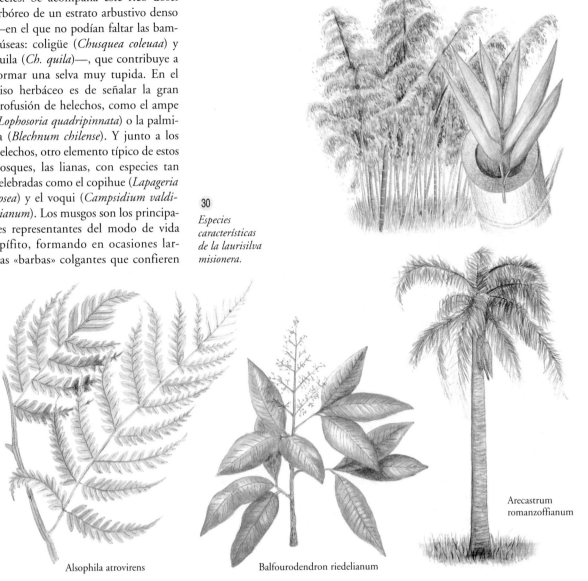

Guadua angustifolia

30

Especies características de la laurisilva misionera.

Alsophila atrovirens

Balfourodendron riedelianum

Arecastrum romanzoffianum

Las selvas húmedas templadas (continuación)

31 ▶

*Especies
características
de la laurisilva
valdiviana.*

Notophagus dombeyi   Podocarpus nubigenus   Fitzroya cupressoides

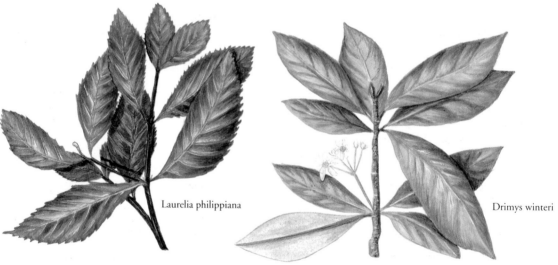

Laurelia philippiana   Drimys winteri

Efecto equivalente al de la altitud en las montañas se observa al aumentar la latitud. La influencia antártica se intensifica en menoscabo de la anticiclónica subtropical, suavizada, eso sí, por la proximidad del océano; y de este modo, el clima, inicialmente templado lluvioso con veranos cálidos, se convierte en templado muy lluvioso con veranos fríos.

Bajo la acción limitante del frío y del exceso de precipitación —suelos oligotróficos, mal drenados— la laurisilva valdiviana se empobrece progresivamente, siendo sustituida, al sur del paralelo 48, por el bosque magallánico perennifolio.

Presenta este bosque un estrato arbóreo dominado en un 80 % por una sola especie: el coigüe de Magallanes (*Notophagus betuloides*), que en condiciones muy favorables alcanza los 25 m de altura, pero que en zonas batidas por el viento, o sobre suelos rocosos o turbosos, puede constituir un matorral de no más de 4-5 m. Se asocian con él, en muy baja proporción, el canelo (*Drimys winteri*) y el saúco cimarrón (*Pseudopanax laetevirens*).

Notophagus betuloides   Eucryphia cordifolia   Weinmannia trichosperma

En su manifestación más típica, el bosque magallánico es extraordinariamente denso, casi impenetrable para el hombre, debido a la total ocupación del espacio por los árboles y sus retoños. Consecuencia de ello es el escaso desarrollo del sotobosque arbustivo, como no sea en los claros y los márgenes. El estrato basal está compuesto de diversas especies herbáceas asociadas a un denso tapiz de briófitos en el que dominan las hepáticas. Sobre los troncos, las ramas inferiores de los árboles y la madera muerta proliferan, además de briófitos, los helechos, representados sobre todo por diversas especies del género *Hymenophyllum.*

La laurisilva canaria

Las islas Canarias están situadas a 28° latitud N, 15° 30′ longitud W, como quien dice a las mismas puertas del desierto del Sahara. ¿Cómo es posible que exista una laurisilva —formación vegetal que exige un grado de humedad elevado y más o menos constante— a tan escasa distancia del desierto? No menos sorprendente es que en la isla de Tenerife, donde se halla la máxima expresión de la laurisilva canaria, se localice entre dos pisos de vegetación —los xerófitos de costa y el pinar— claramente adaptados a la aridez. La paradoja se resuelve si se considera la interacción de dos factores: el clima y el relieve.

32

El clima y el relieve característicos de las islas Canarias son los factores que *determinan la existencia de laurisilva en esta región geográfica.*

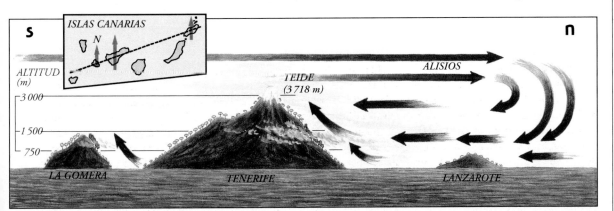

Las selvas húmedas templadas (continuación)

Durante el invierno soplan sobre las islas vientos ciclónicos del noroeste, portadores de lluvia; pero en verano, los vientos dominantes son los alisios procedentes del anticiclón de las Azores, los cuales, en principio, no dan lugar a precipitaciones. Es aquí donde el relieve de las islas, al provocar el ascenso del aire, crea un manto de nubes que proporciona un ambiente muy húmedo entre 500 y 1200 m de altitud, en las vertientes orientadas al N y al NE de las islas occidentales (Tenerife, La Palma, Gomera y Hierro). Las vertientes meridionales reciben mucha menos precipitación y, en consecuencia, la zona correspondiente a la laurisilva está ocupada por una vegetación xerófita (fig. 32).

La laurisilva canaria es una selva templada, perennifolia, con una cubierta arbórea muy densa y un sotobosque pobre, constituido mayoritariamente por helechos. Árboles característicos de esta formación son el laurel (*Laurus azorica*), el til (*Ocotea foetens*), el viñátigo (*Persea indica*), el barbusano (*Apo-*

llonias barbusana), el madroñero (*Arbutus canariensis*), el naranjero silvestre (*Ilex platyphylla*), el sanguino (*Rhamnus glandulosa*), etc., hasta unas 20 especies que comparten la bóveda arbórea (fig. 33).

En su estado óptimo, la laurisilva es un bosque muy umbrío, lo cual no favorece el desarrollo de un estrato arbustivo particularmente rico. Pertenecen a este nivel especies como el peralito (*Maytenus canariensis*), el follao (*Viburnum rigidum*), el ortigón de los montes (*Gesnouinia arborea*), la cresta de gallo (*Isoplexis canariensis*) y algunas más.

Los helechos, en cambio, ven su presencia favorecida, precisamente, por el ambiente sombreado y húmedo que reina bajo el dosel forestal. Valgan como ejemplo *Woodwardia radicans, Athyrium umbrosum* y *Davallia canariensis.*

Muchas plantas de las islas Canarias tienen sus parientes más próximos

en lugares tan remotos geográficamente como África del Sur o Sudamérica —los géneros *Persea, Ocotea* y *Maytenus,* por ejemplo, aparecen también en las laurisilvas sudamericanas—, lo cual atestigua el antiquísimo origen de esta flora. Otro dato interesante es la presencia en diversas localidades del Mediterráneo, del Cáucaso y hasta de la zona occidental del Himalaya, de plantas fósiles de hace unos 20 millones de años (Terciario), muy similares o idénticas a las que viven hoy en las Islas. ¿Qué ocurrió en Europa y África para que desapareciera esa flora? En líneas generales, la historia es como sigue.

Por aquel entonces, el clima del sur de Europa era más cálido y húmedo que en la actualidad, y la vegetación que circundaba las orillas del antiguo mar Mediterráneo debía de ser similar a la de la actual laurisilva canaria. Al sobrevenir las glaciaciones del Cuaternario y expandirse los casquetes polares, con el consiguiente enfriamiento generalizado del clima,

33 ▶

Especies características de la laurisilva canaria.

Laurus azorica

Persea indica

la flora del centro y el sur de Europa se retrajo hacia latitudes más bajas en busca de condiciones más suaves.

Casi al mismo tiempo se inició la desecación del norte de África, que dio lugar al actual desierto del Sahara.

Muchas de esas especies se extinguieron al no poder salvar las barreras que suponían las montañas alpinas y el Mediterráneo, pero otras hallaron refugio en los archipiélagos macaronésicos —entre ellos el de las Canarias—, suficientemente alejados de los hielos, y a la vez, protegidos por la influencia oceánica de la desecación que originó el Sahara.

Con el calentamiento general de la atmósfera y la consiguiente retirada de los hielos, la flora terciaria superviviente intenta reconquistar su área de distribución en Europa meridional. Pero el nuevo clima posglacial es más seco que el del Terciario, y ante estas nuevas exigencias ambientales, la primitiva flora europea tropical evoluciona y da lugar a la actual flora esclerófila de la cuenca mediterránea. Así

pues, la flora euromediterránea y la flora canaria tienen un origen común.

Al mismo tiempo, aislada del continente, la primitiva flora tropical canaria evolucionó independientemente, lo que ha originado numerosos endemismos. En efecto, cabe observar que el 50-55 % de la flora vascular canaria son especies exclusivas del archipiélago.

Woodwardia radicans

Isoplexis canariensis

Illex platyphylla

Ocotea foetens

La vegetación esclerófila mediterránea

El clima mediterráneo

Entre la zona árida subtropical, dominada por anticiclones casi permanentes, y la región templada, con borrascas durante casi todo el año, se extiende una región de clima intermedio: las lluvias, nunca abundantes aunque a menudo torrenciales, se concentran en los meses más frescos del año, principalmente en otoño y primavera, alternando con un período estival seco y cálido.

Tal es el régimen climatológico que impera en el mar Mediterráneo y las tierras circundantes, y por ello ha recibido el nombre de clima «mediterráneo», por más que no sea exclusivo de dicha región geográfica. En efecto, áreas de clima similar se dan en el flanco occidental de otros continentes entre los 30 y 40° de latitud, aproximadamente: California, Chile, África del Sur y Australia (fig. 34).

El patrón meteorológico mediterráneo cubre un amplio abanico de condiciones de pluviosidad y temperatura, con cantidades anuales de lluvia que van desde los 200 mm a más de 1500 mm, y temperaturas medias tan frías como 4 °C y aun inferiores, o tan tórridas como para superar los 19 °C.

Con semejante variedad climática, no es de extrañar que la región acoja una gran diversidad de especies y comunidades vegetales. Pero la vegetación climácica, la que corresponde al clima mediterráneo medio, está constituida por matorrales y bosques esclerófilos, de hoja perenne.

34 *Regiones terrestres con vegetación esclerófila mediterránea y diagramas climáticos de diversas localidades situadas en dichas zonas.*

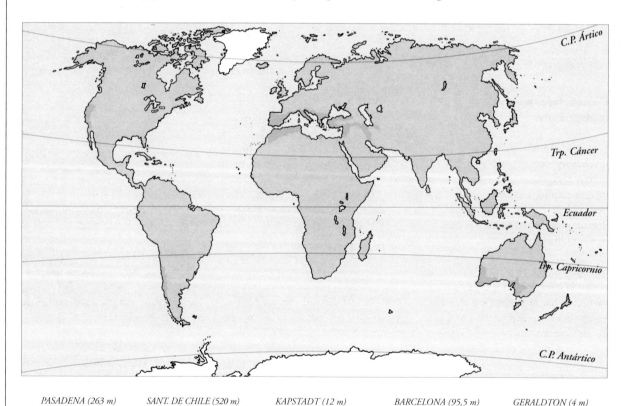

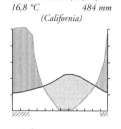
PASADENA (263 m) 16,8 °C 484 mm *(California)*

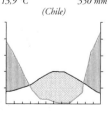
SANT. DE CHILE (520 m) 13,9 °C 350 mm *(Chile)*

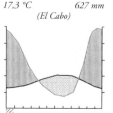
KAPSTADT (12 m) 17,3 °C 627 mm *(El Cabo)*

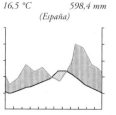
BARCELONA (95,5 m) 16,5 °C 598,4 mm *(España)*

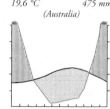
GERALDTON (4 m) 19,6 °C 475 mm *(Australia)*

Chaparral
(California)

Maquia
(cuenca mediterránea)

Matorral laurifolio
(Chile)

Encinar
(cuenca mediterránea)

Comunidades vegetales mediterráneas

Las comunidades vegetales de las diversas regiones «mediterráneas» comparten una misma fisonomía y una misma respuesta adaptativa al clima; pero al hallarse en regiones florísticas distintas, las especies que las componen son diferentes (fig. 35).

Europa

En la cuenca mediterránea propiamente dicha, la vegetación climácica —hoy día muy degradada por efecto de las diversas intervenciones humanas— está representada por bosques esclerófilos constituidos por diversas especies de *Quercus* (pariente próximo del haya boreal, *Fagus,* y de las diversas hayas australes y *Notophagus*), de hoja perenne: encina (*Q. ilex*), alcornoque (*Q. suber*), coscoja (*Q. coccifera*).

De las comunidades forestales del Mediterráneo, la más exuberante es, sin duda, la representada por la encina. El encinar típico es un bosque de escasa altura, extraordinariamente denso y cerrado. Su natural lujuriante y la aparente inmutabilidad en el transcurso del año —de un perpetuo follaje verde oscuro, casi negro en la lejanía— evocan las selvas tropicales, en particular las selvas secas. En efecto, varios son los caracteres que tiene en común con aquéllas:

— la hoja lauriforme (como la del laurel), dura y reluciente, perenne;

— la existencia de varios pisos de vegetación: un estrato arbóreo, dos estratos arbustivos y uno herbáceo;

— la profusión de plantas trepadoras.

Pero también las diferencias son muy señaladas:

— la escasa altura del encinar (10-15 m);

— el follaje pequeño, carácter infrecuente en las selvas;

35

Tipos de comunidades vegetales de diferentes regiones mediterráneas.

— ausencia total de plantas superiores epífitas en el encinar;

— dominancia de una especie en el estrato arbóreo (la encina precisamente), cosa insólita en las selvas, donde existe una gran diversidad de especies arbóreas.

En las zonas más secas y cálidas de la cuenca mediterránea, el bosque deja paso a un matorral asimismo esclerófilo, alto y denso, conocido como maquia, con especies como el acebuche (*Olea europea* var. *silvestris*), el algarrobo (*Ceratonia siliqua*), el lentisco (*Pistacia lentiscus*), la coscoja (*Quercus coccifera*), el lastón (*Brachypodium retusum*) y la única palmera que vive en Europa: el palmito (*Chamaerops humilis*) (fig. 36).

La vegetación esclerófila mediterránea (continuación)

América

Ya en la región mediterránea chilena, dos son las comunidades esclerófilas más representativas: a) el matorral laurifolio arborescente, que se extiende por la cordillera de la Costa, con especies como el peumo (*Criptocarya alba*), el boldo (*Boldea boldus*), el belloto (*Beilschmiedia miersii*), el litre (*Lithraea caustica*) y el quillay (*Quillaja saponaria*), por citar sólo las más frecuentes; y b), la sabana de espino (*Acacia caven*), que ocupa el llano Central entre la cordillera de la Costa y los Andes. Los individuos de esta acacia crecen dispersos, separados por distancias variables, acompañándose de especies arbustivas del matorral laurifolio y de una pradera natural de gramíneas perennes y numerosas plantas anuales de desarrollo primaveral, que se secan rápidamente a la que apuntan los primeros calores estivales. Allí donde los suelos son más pedregosos y secos, aparecen el quisco (*Trichocereus chilensis*) y el chagual o puya cardón (*Puya heteroniana*) —una cactácea y una bromeliácea, familias ambas exclusivas de la región florística neotropical, a la que pertenece Sudamérica.

La región esclerófila de California ofrece características similares a las de las dos anteriores. Allí, la vegetación natural está representada por un matorral arborescente —el chaparral—, análogo al matorral laurifolio chileno y a la maquia del Mediterráneo, compuesto de chamizo (*Adenostoma fasciculatum*), lila silvestre (*Ceanothus gregii*), encinillo (*Quercus dumosa*), matorral de manzanita (*Arctostaphylos glauca*) y una larga serie de especies de menor abundancia (fig. 37).

Fisonomía y características de la vegetación esclerófila mediterránea

Los factores que limitan el crecimiento de las plantas mediterráneas son, por orden decreciente de importancia: 1) la disponibilidad de agua; 2) el fotoperíodo; y 3) la temperatura. En efecto, la aridez estival del clima mediterráneo es la principal responsable de los rasgos fisonómicos que mejor definen la vegetación de las regiones mediterráneas: vegetación dominada por plantas *esclerófilas,* de *hoja perenne.*

Adaptaciones a la escasez de agua

Como no pueden permitirse despilfarro alguno de agua, han seguido la estrategia de reducir las pérdidas a un mínimo. Para ello han disminuido la superficie de la hoja, que es donde el riesgo de evaporación incontrolada es mayor, recubriéndola además de una gruesa cutícula cérea, impermeable a los gases. De ahí esas hojas pequeñas, coriáceas, relucientes, que caracterizan a las plantas esclerófilas.

Ejemplos de este tipo son: la encina, el acebuche y el lastón en la cuenca mediterránea; el peumo, el quillay y el litre en Chile; y ya en California, el chamizo, la lila silvestre y el encinillo. Por lo común, la hoja de los esclerófilos sólo presenta estomas en la cara inferior, pudiendo regular la abertura según la cantidad de agua existente en el suelo. Además, no es raro que todo el envés de la hoja esté recubierto de una pilosidad (encina, litre, encinillo, lila silvestre) que impide la renovación de aire en los estomas y reduce aún más la evaporación. En otros casos —el lastón es un ejemplo—, la hoja, ya de por sí reducida, se enrolla sobre el envés, formando una cámara tubular de efecto similar al de la pilosidad.

Esta necesidad de economizar agua explica precisamente el otro carácter típico de los esclerófilos: la hoja perenne. Durante el período de sequía estival transpiran poco, pero entonces tienen problemas de nutrición porque el suministro de sales minerales a las hojas también es escaso. Así las cosas, resulta ventajoso conservar el follaje durante el otoño y el invierno, pues, de este modo, la mayor disponibilidad de agua y la relativa suavidad de las temperaturas permiten una producción suplementaria que, de perder la hoja, no se daría.

En el dominio de las esclerófilas mediterráneas viven también malacófilas —las jaras (*Cistus sp.*) del Mediterráneo son un ejemplo— y suculentas —el quisco y el chagual en Chile, o las yucas (*Yucca sp.*) en California—. Pero unas y otras se desarrollan mejor en climas áridos, y sólo alcanzan cierta abundancia en las variantes más secas del clima mediterráneo y en las regiones semidesérticas (extramediterráneas).

Otras características de la vegetación esclerófila mediterránea encuentran asimismo justificación en la escasez de agua. El exiguo porte de los árboles mediterráneos, en comparación con los gigantes de los bosques templados, se debe a esa economía hídrica que, indirectamente, limita la fotosíntesis y, por tanto, el crecimiento. La abundancia de arbustos, que en las zonas más áridas desplazan por completo a los árboles, guarda también relación con la aridez: el arbusto tiene raíces más profundas y no experimenta una sequía comparable a la del árbol. Por lo mismo, los céspedes naturales son rarísimos, pues estas plantas, de raíz poco profunda, sólo

36 ▶

Especies características de la maquia y del encinar, dos tipos de comunidades vegetales típicas de la cuenca mediterránea.

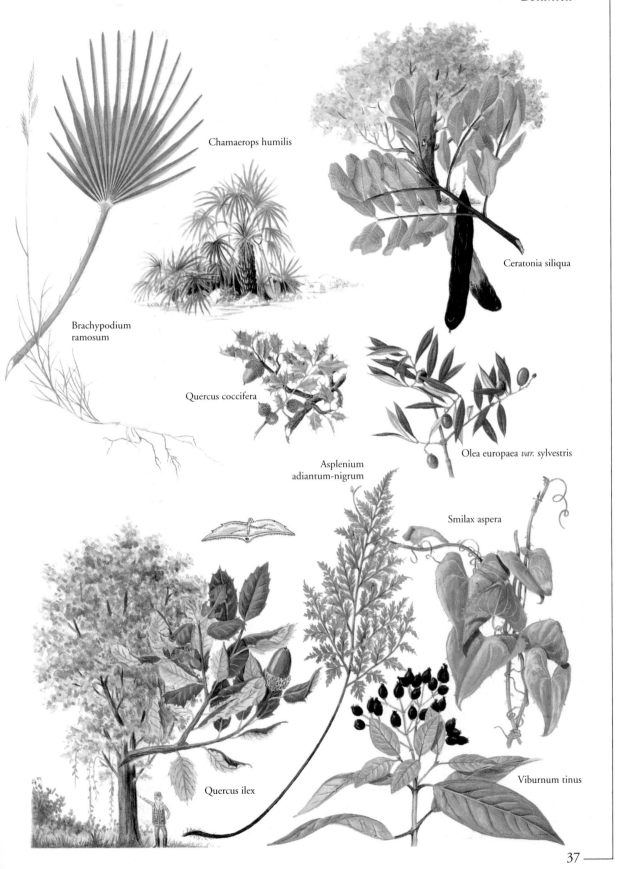

Chamaerops humilis

Ceratonia siliqua

Brachypodium
ramosum

Quercus coccifera

Olea europaea *var.* sylvestris

Asplenium
adiantum-nigrum

Smilax aspera

Quercus ilex

Viburnum tinus

La vegetación esclerófila mediterránea (continuación)

viven allí donde la capa superficial del suelo permanece constantemente húmeda durante el período de crecimiento. Los prados mediterráneos están formados por plantas de aspecto pajizo, adaptadas a la sequía y, esto es importante, con abundancia de especies de ciclo anual: nacen en otoño y finales de invierno, y para cuando comienzan los rigores estivales ya han producido semillas y mueren, dejando que éstas, resistentes a la sequía, perpetúen la especie.

El fuego y la vegetación mediterránea

De la mano de ese período árido, coincidente con las máximas temperaturas del año, el fuego ha sido y es un factor ecológico decisivo en la evolución de la vegetación esclerófila mediterránea. De la constancia de los incendios desde tiempos remotos nos hablan las numerosas adaptaciones de las plantas para sobrevivir a su acción destructora.

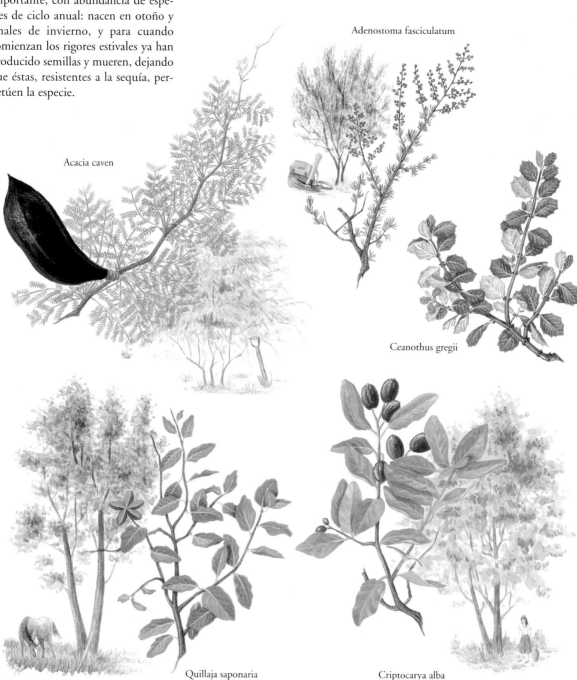

Adenostoma fasciculatum

Acacia caven

Ceanothus gregii

Quillaja saponaria

Criptocarya alba

Contadas son las formas capaces de resistir íntegramente la acción del fuego. Las palmeras —entre ellas el palmito— son una de esas excepciones: el tronco es resistente al fuego y las hojas protegen la zona de crecimiento, de modo que, a los pocos meses del incendio, vuelven a brotar por el ápice.

Lo habitual es que la parte aérea de la planta quede destruida, y que ésta sobreviva merced a órganos subterráneos de pervivencia —la coscoja, la propia encina, el lentisco, son especies de la cuenca mediterránea con reconocida capacidad para rebrotar después de un incendio—. Otras mueren, pero subsisten sus semillas, resistentes al fuego; tal es el caso de las jaras en el Mediterráneo, el del trevo (*Trevoa trinervis*) en Chile, o el del chamizo y la lila silvestre en el chaparral californiano.

El «invento» de las semillas incombustibles es especialmente aprovechado por los pirófitos, plantas que no sólo no son destruidas por el fuego, sino que lo fomentan para desplazar a otras especies que compiten con ellas. Los pinos, cargados de resina altamente inflamable, son un ejemplo típico de pirófito —el de Alepo (*Pinus halepensis*) debe su propagación por la cuenca mediterránea precisamente a ese carácter.

Ahora bien, esto no significa que las distintas comunidades vegetales mediterráneas sean inmunes al fuego. Un pinar de pino de Alepo tarda de 25 a 30 años en recuperarse de un incendio; si entre tanto se produce un nuevo asalto de las llamas, la regeneración es imposible. Asimismo, el chaparral californiano se empobrece cuando los incendios se repiten a intervalos de menos de dos años.

Así, no cabe duda de que la vegetación mediterránea está adaptada al fuego; pero si reaparece con cierta frecuencia —como ocurre hoy día con los incendios provocados por el ser humano—, la cubierta vegetal del suelo queda definitivamente destruida, la erosión hace entonces acto de presencia y el resultado último es la desertización.

◄ 37

Especies características del chaparral californiano y del matorral laurifolio chileno.

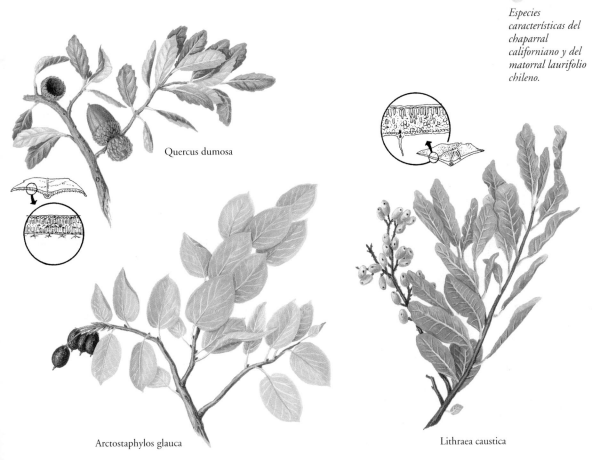

Quercus dumosa

Arctostaphylos glauca

Lithraea caustica

Los bosques templados caducifolios

El clima de Europa nemoral

Al norte de la región mediterránea, entre los 40 y 55° de latitud, el grueso del territorio continental europeo cae en plena trayectoria de las borrascas polares del Atlántico Norte. Las temperaturas medias son inferiores a las de la vecindad mediterránea, con veranos suaves e inviernos fríos, especialmente en las tierras del interior continental, privadas de la proximidad atemperante del océano Atlántico. La precipitación es abundante y está bien repartida en el curso del año, sin la dilatada sequía estival del Mediterráneo. Tal es el clima característico de la Europa nemoral, dominada por los bosques caducifolios —que vienen a ser la antítesis de los bosques perennes y esclerófilos de la Europa mediterránea (fig. 38).

Y entre una y otra regiones, la apacibilidad climática de las tierras submediterráneas, libres del riguroso invierno centroeuropeo y de la aridez mediterránea, que se deja notar a lo sumo por un breve período subhúme-do en la época de los máximos rigores estivales. Predominan también, igual que en la Europa nemoral, los bosques caducifolios, si bien su composición y su estructura —en particular, cierta tendencia xeromorfa— reflejan la influencia mediterránea.

Los bosques submediterráneos y nemorales de Europa

El bosque submediterráneo por excelencia es el robledal. El roble (*Quercus pubescens*), del grupo de los *Quercus* caducifolios, forma diversas asociaciones forestales; señalemos como más representativas: el robledal de roble y boj (*Buxus sempervirens*) —arbusto submediterráneo, de hoja perenne, coriácea—, y el robledal de roble y cola de caballo (*Pteridium aquilinum*) —helecho este último de hasta dos metros de altura.

En la región noroccidental de la península Ibérica, con un clima templado y húmedo, el bosque submediterráneo de roble está representado por una especie afín: el rebollo o roble melojo (*Quercus pyrenaica*), que se de-sarrolla sobre suelos silíceos, pobres en nutrientes.

El árbol nemoral por excelencia es, sin duda, el haya (*Fagus silvatica*), que forma extensos bosques por toda Europa central. En los hayedos más occidentales, atlánticos, se acompaña de acebo (*Ilex aquifolium*) —arbolito o arbusto alto, de hoja perenne— y tejo (*Taxus baccata*) —conífera también perennifolia—, pero es más frecuente que forme poblaciones puras, dominando al cien por cien el dosel arbóreo, con un estrato herbáceo muy rico en especies.

Otros bosques nemorales que ocupan grandes extensiones centroeuropeas son los de carballo (*Quercus robur*) y los de roble albar (*Q. petrea*), los primeros sobre suelos profundos y ricos en sales nutritivas, los segundos sobre suelos ácidos, pobres. En ellos

38

Diagramas climáticos y tipo de vegetación en la
Europa nemoral, submediterránea y mediterránea.

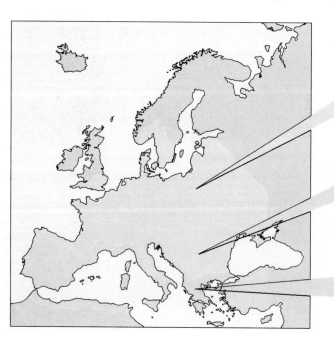

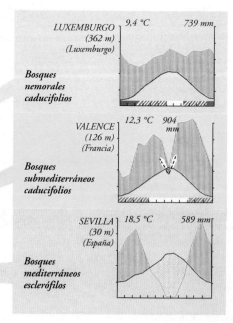

LUXEMBURGO (362 m) (Luxemburgo) 9,4 °C 739 mm

Bosques nemorales caducifolios

VALENCE (126 m) (Francia) 12,3 °C 904 mm

Bosques submediterráneos caducifolios

SEVILLA (30 m) (España) 18,5 °C 589 mm

Bosques mediterráneos esclerófilos

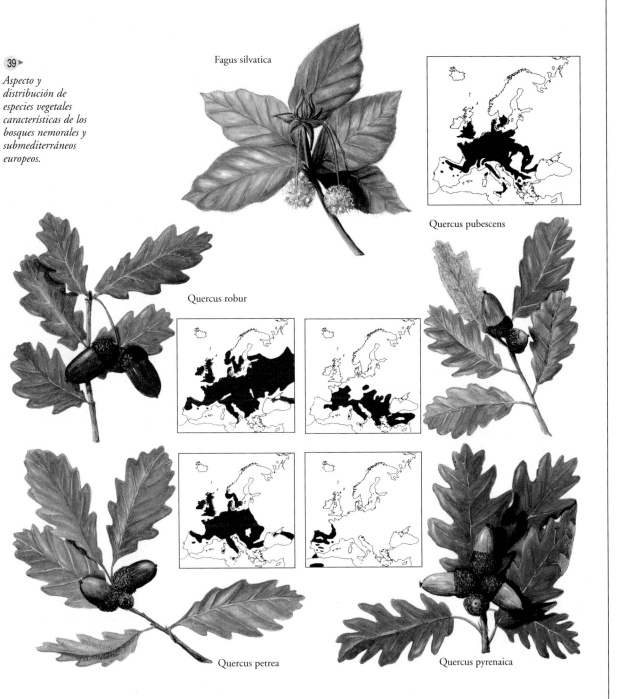

Aspecto y distribución de especies vegetales características de los bosques nemorales y submediterráneos europeos.

Fagus silvatica

Quercus pubescens

Quercus robur

Quercus petrea

Quercus pyrenaica

destacan especies arbóreas como el fresno (*Fraxinus excelsior*), los tilos (*Tilia cordata, T. platyphyllos*), los arces (*Acer campestre, A. pseudoplatanus*), los olmos (*Ulmus glabra, U. minor, U. scabra*), el avellano (*Corylus avellana*), el carpe europeo (*Carpinus betulus*).

No olvidemos, en este breve inventario, los bosques de abedul (*Be-* *tula pendula, B. pubescens*), cuya máxima expresión se puede encontrar en las regiones más continentales y frías (fig. 39).

El clima de Sudamérica nemoral

A diferencia del hemisferio norte, en las tierras australes están muy poco representados los bosques nemorales. Sólo en Nueva Zelanda y en la región meridional de los Andes de Sudamérica existen bosques de estas características.

La escasa representatividad de esta vegetación en las tierras australes se debe a la propia geografía de la re-

Los bosques templados caducifolios (continuación)

gión. En efecto, a partir de los 40° de latitud sur, donde sería de esperar la presencia mayoritaria de caducifolios de invierno, los vientos del oeste encuentran a su paso la cordillera de los Andes, la cual se levanta muy próxima al Pacífico y origina el clima oceánico, extremadamente húmedo e isotermo, que acoge la laurisilva de hoja perenne. De no existir la barrera de los Andes, posiblemente buena parte de las estepas y los semidesiertos de la Patagonia serían bosques de caducifolios.

lenga (*Notophagus pumilio*) y el ñirre (*N. antartica*), parientes ambos del haya boreal (familia Fagáceas) (fig. 40). La primera compone el grueso de los bosques de esta región —bosques de fisonomía similar a la del hayedo centroeuropeo, con un estrato arbóreo dominado prácticamente por la lenga y un estrato herbáceo rico en especies. El ñirre ocupa una posición ecológica marginal, formando matorrales arborescentes o bosques bajos allí donde las condiciones ambientales son demasiado duras para la lenga: en

en oposición a la verde y oscura imperturbabilidad del bosque mediterráneo (fig. 41). En efecto, mientras que el bosque mediterráneo permanece activo todo el año, el bosque nemoral, llegado el invierno, pierde el follaje y se sume en un largo reposo que se prolonga hasta la primavera siguiente. Reposo que se extiende a todos los órganos del árbol; así, el *cámbium* —tejido responsable de la formación de la madera y, por tanto, del crecimiento en diámetro del tronco— interrumpe su actividad a finales de vera-

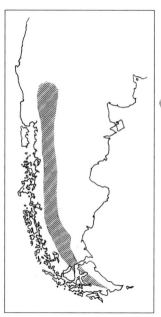

Notophagus antarctica

Notophagus pumilio

‹40

Aspecto y distribución de dos especies vegetales   *características de los bosques nemorales de Sudamérica.*

Los bosques nemorales de Sudamérica

No es de extrañar, pues, que los bosques nemorales sudamericanos se localicen en la vertiente andina oriental —la de sotavento—, menos húmeda y con una oscilación térmica más acusada —en definitiva, relativamente más continental—. En la vertiente pacífica aparecen sólo en las zonas más altas, formando un piso de vegetación entre los bosques de laurifolios y la vegetación de los prados andinos.

Las principales especies forestales de la región nemoral andina son la

la frontera entre el dominio de ésta y el de la estepa patagónica, con déficit de humedad en el suelo y fuertes vientos, o en los suelos muy húmedos, a menudo turbosos y mal drenados.

Características estructurales y ecológicas de los bosques nemorales

Al comparar los bosques mediterráneos con los nemorales, dos hechos se imponen a la atención del observador. El primero y más patente es el profundo cambio en la fisonomía del bosque nemoral en el curso del año,

no y la reanuda con la llegada de la primavera, lo cual se traduce en la formación de anillos de crecimiento visibles a simple vista en una sección transversal del tronco. En el haya, dichos anillos son particularmente manifiestos porque la madera de primavera es menos oscura que la de verano y otoño. Bajo el microscopio, la primera presenta más vasos conductores y de mayor diámetro que la segunda, que los tiene estrechos y muy lignificados —de ahí su color más oscuro—. Estas diferencias obedecen a las distintas necesidades fisiológicas del árbol: la primavera es un tiempo de crecimiento intenso y, por consiguiente, de gran demanda de agua en los centros de consumo; en verano, urge aumentar la solidez del tronco.

El segundo es la diferente representación de los distintos tipos biológicos de plantas en unos y otros bosques. De

41

Comparación de las modificaciones fisonómicas que se producen en el bosque nemoral y en el bosque mediterráneo a lo largo del año.

un encinar (mediterráneo) a un hayedo (nemoral), es muy manifiesta la progresiva disminución del porcentaje de especies leñosas, tipo árbol o arbusto, frente a la creciente importancia de la vegetación herbácea (fig. 42). En este sentido, los bosques mediterráneos están más próximos a la vegetación selvática de clima tropical.

La competencia entre la vegetación mediterránea y la nemoral

Los bosques esclerófilos mediterráneos están adaptados a la sequía y pue-

den controlar muy bien la pérdida de agua a través de las hojas. El haya, en cambio, las tiene tiernas, casi translúcidas, con el limbo relativamente grande y la cutícula muy fina; con estas características, el control hídrico es muy deficiente, y la resistencia del árbol a la deshidratación en momentos de intensa exposición al sol y limitado suministro de agua, es mucho menor que la de la encina. A título de comparación, digamos que un hayedo transpira del orden de 4 000 t de agua por ha y año, casi cuatro veces más que un encinar.

Bosque nemoral caducifolio: HAYEDO

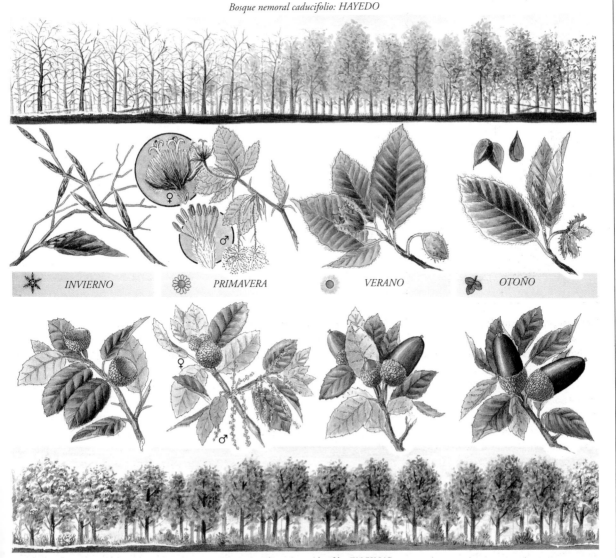

INVIERNO PRIMAVERA VERANO OTOÑO

Bosque mediterráneo esclerófilo: ENCINAR

Los bosques templados caducifolios (continuación)

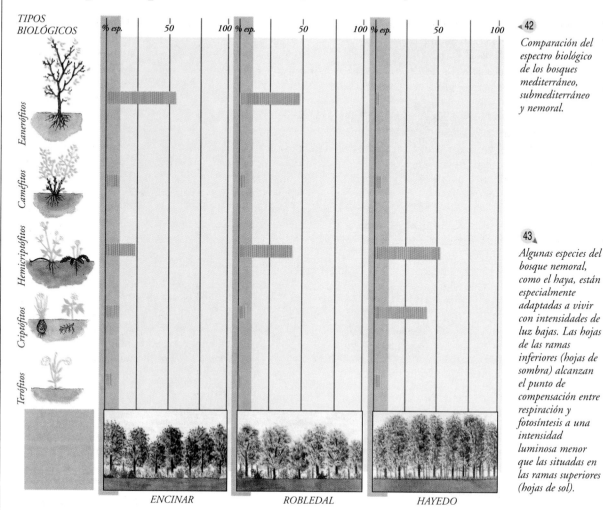

TIPOS BIOLÓGICOS

Eanerófitos
Caméfitos
Hemicriptófitos
Criptófitos
Terófitos

ENCINAR   ROBLEDAL   HAYEDO

42
Comparación del espectro biológico de los bosques mediterráneo, submediterráneo y nemoral.

43
Algunas especies del bosque nemoral, como el haya, están especialmente adaptadas a vivir con intensidades de luz bajas. Las hojas de las ramas inferiores (hojas de sombra) alcanzan el punto de compensación entre respiración y fotosíntesis a una intensidad luminosa menor que las situadas en las ramas superiores (hojas de sol).

Ésta es la razón por la que el haya no puede penetrar en la región mediterránea, donde el agua es el factor ambiental limitante. Curiosamente, ciertos hayedos meridionales situados en plena región mediterránea, deben su presencia a las nieblas y nubes que hacen de parasol y disminuyen la transpiración durante el verano.

Un problema distinto es por qué los esclerófilos mediterráneos no avanzan más al norte. Por el frío invernal, podría pensarse. Una encina plantada en Polonia no aguantará el crudo invierno de aquel país, pero lo cierto es que, en la región submediterránea, con temperaturas invernales relati-

vamente suaves, la encina pierde terreno frente a los caducifolios.

Compárese de nuevo el encinar con el hayedo, quizás el bosque caducifolio mejor estudiado. En el encinar, 1 t de hojas mantiene una biomasa aérea (ramas, tronco, hojas) de unas 28 t; en un hayedo, la misma cantidad de hojas se basta para mantener una biomasa de unas 52 t. Otro dato más: por cada gramo de materia invertida en la fabricación de la hoja, el haya obtiene una superficie fotosintética tres veces superior a la de la encina. Todo esto demuestra que el haya es una especie bastante más eficiente que la encina. Claro que ésta

puede producir más materia al conservar la hoja durante todo el año, cosa que no hace el haya, pero la verdad es que durante el verano la encina pasa hambre al no poder abrir los estomas —por eso tiene la hoja perenne—. Se entiende, pues, que al desaparecer la sequía estival —que proporciona ventaja adaptativa a la hoja esclerófila y perenne— la competencia favorezca a los caducifolios, que pasan a dominar el paisaje.

La adaptación al frío en los caducifolios

La caída otoñal de la hoja, tan característica de los bosques caducifolios nemorales, tiene un valor adaptativo claro como protección frente al frío, en especial frente al hielo. En efecto, aparte de evitar la destrucción de las tiernas hojas del haya por los cristales de hielo, se resuelve el problema de aridez que ese mismo hielo produciría: de conservar la hoja, por poco que transpirara, el peligro de secarse sería enorme, porque el agua helada no puede ser absorbida por las raíces —para las plantas, un suelo helado es un suelo desértico.

Durante el invierno, los caducifolios permanecen en estado de reposo. Cuando llegada la primavera se restablezcan las condiciones ambientales favorables, producirán nuevas hojas y

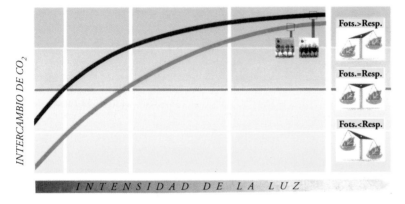

reemprenderán la actividad fotosintética; hojas nuevas que brotarán de yemas producidas el otoño anterior —como paso previo a la caída de la hoja— y, por tanto, que han sobrevivido a los fríos invernales. Para obtener tal resistencia, las yemas invernantes se deshidratan: pierden agua al comienzo del período invernal y, de este modo, disminuye el riesgo de que se forme hielo en los delicados tejidos germinales. No se olvide que, al concentrarse una disolución, baja el punto de congelación de la misma, y este principio físico-químico es el que aprovecha la planta para salvar unos órganos que le son vitales para sobrevivir. Así deshidratadas, las yemas de

haya resisten temperaturas de −24 °C e incluso inferiores, sin congelarse. A este respecto, el abedul bate todas las marcas: sus yemas pueden resistir hasta −40 °C.

La luz y los caducifolios

Los bosques de haya son muy umbríos durante el período vegetativo: en un hayedo, el suelo apenas recibe el 2 % de la luz medida en el exterior del bosque, y a 3 m de la copa de los árboles ya se ha absorbido casi el 90 % de la luz incidente. No es de extrañar, dada la amplitud de las hojas y que se disponen en planos horizontales, formando una pantalla que absorbe muchísima luz.

Tan escasa iluminación puede ser un problema para las plantas del sotobosque, y entre ellas, los retoños de los propios caducifolios: si la iluminación es permanentemente baja, la fotosíntesis no puede compensar la respiración de las hojas, éstas pierden materia y, a la larga, caen. Es por ello que algunas especies, entre ellas el haya, están especialmente adaptadas a vivir con intensidades de luz bajas.

A este respecto, el haya ilustra muy bien tales adaptaciones. Si se comparan las hojas de la parte superior de la copa del árbol expuestas de forma inmediata a los rayos solares (hojas de sol), con las de las ramas inferiores

(hojas de sombra), se aprecia que estas últimas respiran menos, que alcanzan el punto de compensación entre la respiración y la fotosíntesis a una intensidad luminosa menor y, por último, que utilizan la luz de un modo eficiente (fig. 43). Estas diferencias fisiológicas entre las hojas de sol y las de sombra se reflejan en su fisonomía. Así, por ejemplo, las primeras son más pequeñas que las segundas, tienen la cutícula más gruesa y mayor número de estomas por unidad de superficie. Estos y otros caracteres demuestran que aquéllas soportan condiciones ambientales más extremas (mayor intensidad de luz, cambios de temperatura más acusados, etcétera), de modo que actúan como una especie de paraguas protector para las que quedan debajo.

Pareja adaptación lumínica a la del haya —reducir la intensidad de la respiración— se da en otras plantas: la acederilla (*Oxalis acetosella*), la hepática estrellada (*Asperula odorata*) y los helechos. Otras especies —éstas de hoja perenne— viven durante el verano, cuando las condiciones de luz son deficientes, de las reservas que acumulan durante la primavera y el otoño —antes y después, respectivamente, de que el hayedo se vista de verde—. A este grupo pertenece, por ejemplo, la estrellada (*Stellaria holostea*).

Sin embargo, muchas plantas herbáceas asociadas al hayedo evitan las malas condiciones de luz del verano adelantando su ciclo vegetativo. Tal es la estrategia de los geófitos de primavera —el jacinto estrellado (*Scilla lilio-hyacinthus*), la anemone de los bosques (*Anemone nemorosa*)—, que aprovechan la claridad primaveral para germinar y acumular reservas en sus bulbos subterráneos; para cuando el haya ha echado hojas, ya los geófitos han completado todo su ciclo vegetativo.

Los bosques aciculifolios

El clima de la región subártica

Las tierras boreales situadas entre los 50 y 65-70° de lat. N quedan ya, casi permanentemente, dentro del ámbito de las masas de aire polar, muy frías. Recuérdese que la Tierra no se calienta por igual en todas las latitudes, debido a la mayor o menor dispersión de los rayos solares por efecto de la forma esférica que tiene el planeta.

En esta región los inviernos son tremendamente duros y largos, y los veranos, cortos y frescos. El período frío, con medias mensuales inferiores a 0°C, supera los seis meses, pero pueden producirse heladas esporádicas en casi cualquier época del año (menos de 120 días con una media superior a 10°C) (fig. 44).

Existen, no obstante, notables diferencias entre las tierras más próximas a los océanos y las del interior continental. En las primeras, la vecindad marina atempera la oscilación térmica, y las precipitaciones son comparativamente abundantes, con máximos en otoño e invierno. Pero tierra adentro, en el centro de Siberia y de Canadá, el clima es extremadamente continental, con oscilaciones térmicas anuales que rondan

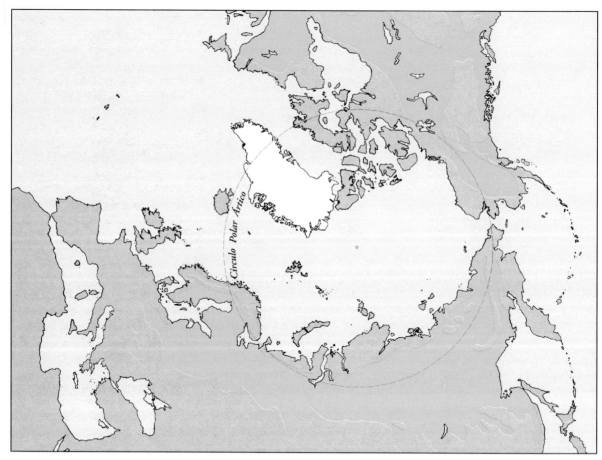

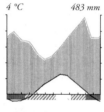

LENINGRADO (5 m)
(Rusia)

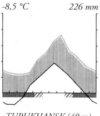

TURUKHANSK (40 m)
(Rusia)

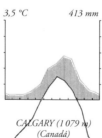

CALGARY (1 079 m)
(Canadá)

CHIBOUGAMAU (376 m)
(Canadá)

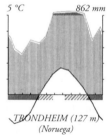

TRONDHEIM (127 m)
(Noruega)

los 100 °C. En efecto, durante el invierno, en contacto con la nieve, el aire alcanza temperaturas bajísimas y se forman sendos anticiclones muy estables, con aire muy frío y seco, que impiden el paso de las borrascas. Siberia llega a registrar en enero temperaturas medias de hasta −51 °C, y se han señalado mínimas de −78 °C. Durante el verano, el anticiclón se retira hacia el norte, las temperaturas se suavizan

las tierras australes, porque, a las latitudes correspondientes, el hemisferio sur es totalmente oceánico; las tierras más australes corresponden a Sudamérica y no sobrepasan los 56° de lat. S.

La taiga

Los bosques boreales aciculifolios del continente euroasiático reciben el nombre genérico de *taiga*. A diferencia

Maianthemun bifolium, entre otras; muy característicos son también los licopodios (*Lycopodium sp.*) (fig. 45).

La competencia entre los aciculifoilios

La pregunta que se debe responder es: ¿por qué los árboles caducifolios no avanzan más al norte, estando tan bien adaptados a resistir los rigores inverna-

Picea abies

Larix sibirica

Pinus silvestris

y las precipitaciones aumentan bajo la influencia de las borrascas polares, que tienen el paso expedito.

Bajo este dominio climático se extiende un cinturón de bosques aciculifolios, de coníferas, que rodea casi por completo el hemisferio boreal. No tienen estos bosques equivalente en

de la gran diversidad de coníferas que caracteriza los bosques boreales de Norteamérica, la taiga, pese a su amplitud, es muy monótona. El bosque de pícea (*Picea abies*) es la taiga más extendida, desplazado en los ambientes más secos por los pinares de pino albar (*Pinus silvestris*). En Siberia, la pícea cede su puesto a una especie afín, *Picea obovata,* que hacia Oriente desaparece de manera progresiva, sustituida por los alerces: *Larix sibirica* y *L. dahurica.*

En el bosque de pícea típico, el estrato arbóreo —dominado por la propia pícea— se acompaña de un rico estrato herbáceo y muscinal. Especies típicas de este estrato son: *Vaccinium myrtillus, Linnaea borealis, Oxalis acetosella, Moneses uniflora* y

les? Para ellos, las temperaturas invernales de la taiga no son, en principio, el factor limitante, pues permanecen en estado de reposo; el problema es más bien la brevedad del verano.

Las especies típicamente nemorales fabrican las hojas de primavera con las reservas acumuladas durante el período vegetativo del año anterior; período vegetativo que ha de tener una duración mínima de cuatro meses —unos 120 días con temperatura media diaria no inferior a 10 °C—, de lo contrario el árbol no puede afrontar la producción de nuevas hojas y, por consiguiente, muere.

Bajo el clima característico de la taiga, el período vegetativo es inferior

Los bosques aciculifolios (continuación)

a 120 días y, en esas condiciones, resultan favorecidas las especies de hoja persistente —coníferas—, capaces de reanudar la fotosíntesis tan pronto se restablecen las condiciones favorables de temperatura. Además, la persistencia de la hoja ofrece otras ventajas adicionales: supone un ahorro de energía al no tener que producir hojas nuevas cada primavera, y permite un mayor control de los nutrientes minerales —punto de especial relevancia, dado que los suelos de la taiga son pobres debido a la propia naturaleza de la roca madre y a la lentitud con que se descompone la hojarasca de pícea—. Pero si bien la persistencia de la hoja presenta ventajas manifiestas, habrá que adoptar medidas para impedir su destrucción durante el gélido invierno. En este sentido, las hojas aciculares de la pícea están perfectamente adaptadas a la sequía producida por el hielo: mínima superficie, textura coriácea, gruesa cutícula cérea impermeable. Además, con la llegada de los fríos, las acículas se deshidratan —lo que les permite resistir temperaturas de hasta −40 °C sin sufrir daños por el hielo— y el árbol se sume en un profundo letargo que se prolongará hasta la primavera.

No obstante todas estas adaptaciones, pocas especies pueden afrontar los rigurosísimos inviernos siberianos. En un clima tan continental se ven favorecidos los alerces —coníferas también, pero de hoja caduca.

La nutrición de los árboles en la taiga

La mineralización de la hojarasca de pícea es lenta debido a la baja temperatura ambiental y a su propia naturaleza química. La práctica totalidad de los nutrientes minerales del suelo de la taiga se halla almacenada en el horizonte orgánico superior, que ocupa los 20 cm más superficiales. Y es precisamente en

ese palmo escaso de suelo donde la pícea tiende sus raíces; raíces que forman una asociacion simbiótica con determinados hongos del suelo (micorrizas), de vital importancia para la nutrición del árbol.

Estos hongos no sólo absorben activamente nutrientes del suelo —en particular fósforo—, que luego ceden al árbol, sino que tienen una capacidad de transporte extraordinaria, formando una auténtica red de comunicación horizontal dentro del ecosistema. En sentido inverso, del árbol hacia el hongo, son diversas las sustancias en circulación, pero las fundamentales para el hongo son los hidratos de carbono fabricados por el árbol. Recuérdese que los hongos carecen de clorofila y no pueden fabricar su propia materia orgánica mediante fotosíntesis.

La sucesión ecológica en la taiga

Aunque el clima sea frío y húmedo, no es raro que el fuego arrase grandes extensiones de taiga, dado el carácter pirófito de las coníferas, de por sí xeromorfas y productoras de resinas y esencias muy inflamables. El fuego, como cualquier otro factor que cambie radicalmente las condiciones ambientales, modifica las relaciones de competencia entre las distintas especies, abriendo un proceso de evolución —sucesión ecológica— en el transcurso del cual unas especies sustituyen a otras hasta restablecer un nuevo equilibrio (fig. 46). Con el tiempo, de no haberse producido cambios irreversibles en el medio ambiente físico o biológico, se reinstaurará la comunidad originaria. La taiga ofrece un magnífico ejemplo de sucesión ecológica desencadenada por el fuego. Es evidente que el efecto inmediato del fuego será el de favorecer las especies amantes de la luz. Así, las áreas recién quemadas aparecen cubiertas de un tapiz herbáceo con gramíneas como *Molinia coerulea* o *Calama-*

grostis epigeios, o un helecho tan helió-filo como *Pteridium aquilinum.* Pronto aparecen en este herbazal retoños de abedul (*Betula pendula*) y álamo temblón (*Populus tremula*), caducifolios frecuentes tanto en la región nemoral como en la boreal, muy exigentes en cuanto a luz y de crecimiento rápido. Entre los árboles, ambos podrían ser calificados de especies oportunistas o colonizadoras. En el lapso de unos 60 años se habrá asentado un bosque de abedules.

A su abrigo crece el pino albar, de desarrollo más lento, pero que a la larga desplaza a los caducifolios merced a las ventajas de su follaje perenne, que, en igualdad de condiciones, permite una actividad fotosintética más dilatada y, por tanto, mayor producción de biomasa. Esta etapa de pinar se prolonga unos 150 años.

Las plántulas de pícea pueden medrar en condiciones muy umbrías y crecen a la sombra de los pinos, a los que terminan por desplazar, ya que aquéllos, más heliófitos, no pueden regenerarse a la sombra de las píceas. De este modo acaba por restablecerse el bosque originario de pícea, que constituye la vegetación en equilibrio con las condiciones propias de esta región climática (vegetación climácica). En Escandinavia, el proceso de reconstrucción del bosque de pícea dura unos 500 años.

46 ▶

Sucesión ecológica en la taiga, proceso desencadenado por la modificación de las relaciones de competencia entre las diferentes especies tras la acción arrasadora del fuego.

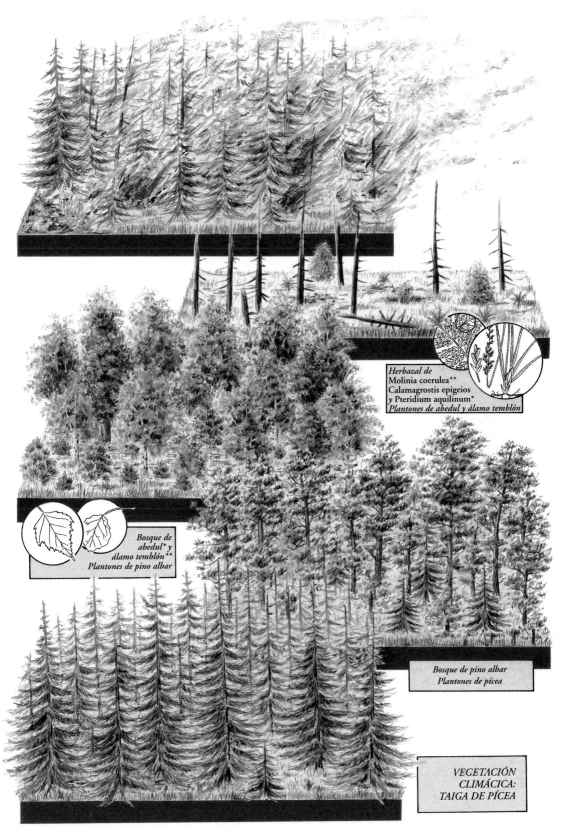

*Herbazal de
Molinia coerulea**
Calamagrostis epigeios
y Pteridium aquilinum*
Plantones de abedul y álamo temblón*

*Bosque de
abedul* y
álamo temblón**
Plantones de pino albar*

*Bosque de pino albar
Plantones de pícea*

*VEGETACIÓN
CLIMÁCICA:
TAIGA DE PÍCEA*

La tundra

El clima de la tundra

Bajo el nombre de tundra —palabra derivada del vocablo finlandés *tunturi,* que significa terreno desarbolado— se designa la región abierta, sin vegetación arbórea, situada al norte de la taiga y que forma una faja casi continua a lo largo de la costa del océano Ártico y sus islas (fig. 47).

En el hemisferio austral no existe una formación equivalente a la tundra boreal, por la misma razón que no existe un paisaje de taiga. Acerca de la llamada «tundra magallánica», véase *La vegetación acuática y el tránsito a la terrestre.*

Por la latitud que ocupa, la tundra se halla siempre bajo el dominio de las masas de aire polar y ártico. Si la taiga recibe del sol una cantidad de energía del orden de 80-90 kcal/cm^2/año, en las latitudes propias de la tundra apenas son 70, con la peculiaridad de que esta energía se reparte en los meses de

marzo a octubre (de noviembre a febrero, las tierras árticas permanecen en la práctica oscuridad) (fig. 48).

De toda esta energía, una importante fracción no es de utilidad para los seres vivos. En efecto, la nieve cubre estos páramos durante 200-280 días al año, y sabido es que tiene una gran capacidad de reflexión de las radiaciones solares (albedo). En los meses de marzo y abril, cuando la tundra sale de la oscuridad de la noche ártica, la radiación solar promedia valores análogos a los de las latitudes subtropicales, pero tres cuartas partes de esa inmensa energía son inoperantes para la vida a causa de la nieve. Y para cuando el sol la ha fundido y consigue calentar el suelo y la atmósfera, ya empieza a perder altura en el horizonte y se entra de nuevo en la larga noche polar. En el límite entre la taiga y la tundra, sólo treinta días escasos al año la temperatura supera la media de 10 °C, y el período con medias diarias por debajo de 0 °C se prolonga ocho meses.

Otra característica de la tundra es su elevada humedad ambiental. Hay agua por doquier, tanto en la atmósfera como en el suelo; y sin embargo la precipitación es escasa (de 150 a 350 mm al año), tanto que en otras latitudes hablaríamos de semidesierto. Se entiende que así sea porque, con tan bajas temperaturas, la evaporación es muy reducida.

La tundra y sus paisajes

Habitualmente se distinguen en la tundra tres grandes subregiones latitudinales: la tundra arbustiva, la tundra típica y la tundra ártica, cada una con su personalidad propia.

En la tundra arbustiva —la más meridional—, el tapiz muscinal do-

47

Situación geográfica del paisaje de tundra, y diagramas climáticos de diversos puntos situados en dicha zona.

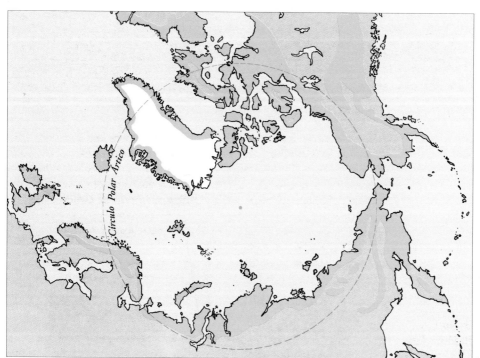

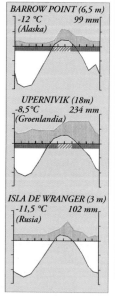

BARROW POINT (6,5 m)
-12 °C   99 mm
(Alaska)

UPERNIVIK (18m)
-8,5 °C   234 mm
(Groenlandia)

ISLA DE WRANGER (3 m)
-11,5 °C   102 mm
(Rusia)

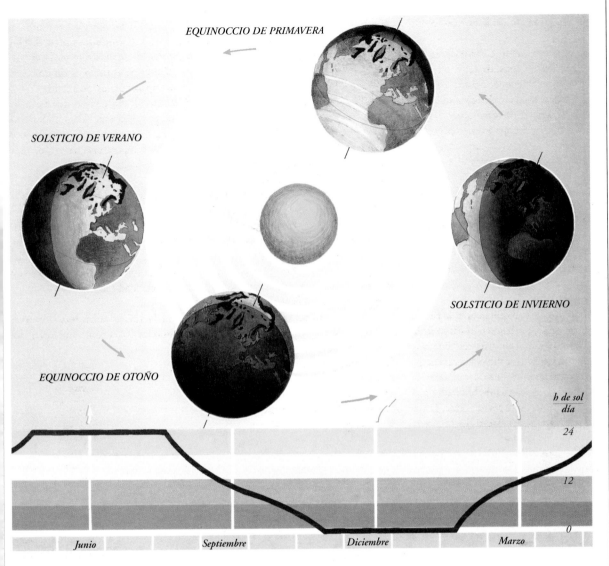

EQUINOCCIO DE PRIMAVERA

SOLSTICIO DE VERANO

SOLSTICIO DE INVIERNO

EQUINOCCIO DE OTOÑO

$\dfrac{h\ de\ sol}{día}$

24

12

0

Junio   Septiembre   Diciembre   Marzo

48

Horas de sol a lo largo del año en las latitudes propias de la tundra.

minante aparece interrumpido por un estrato discontinuo, de medio metro de altura, compuesto de alisos, abedules y sauces arbustivos (*Alnus crispa, Betula nana, Salix arctica,* respectivamente). A su abrigo crecen plantas herbáceas tanto monocotiledóneas (gramíneas, ciperáceas) como dicotiledó-

neas, además de algunos arbustos enanos como *Salix herbacea, Vaccinium uliginosum* y otros. En conjunto, buena parte de la flora de esta tundra procede de las formaciones vegetales más meridionales.

La tundra típica, situada más al norte, es el reino de los musgos. Forman éstos un denso tapiz de 5 a 7 cm que domina todo el paisaje, prestándole una gran monotonía; como más abundantes, señalemos *Hylocomium splendens, Tomenthypnum nitens, Aulacomnium turgidum, Rhaco-*

nitrium lanuginosum, y diversas especies de *Dicranum* y *Polytricum.* Junto a los musgos, la vegetación herbácea más abundante está representada por diversas especies de *Carex,* en particular *C. ensifolia.* Los líquenes, de los que existe una extraordinaria diversidad, sólo cobran importancia en hábitats puntuales, como los suelos arenosos o rocosos.

La tundra ártica extiende sus dominios hasta el desierto polar. Lo más característico es que la vegetación se dispone en forma de retículo, dejan-

La tundra (continuación)

do en la malla extensiones más o menos grandes de suelo desnudo, que se constituye en elemento dominante del paisaje, llegando a suponer hasta el 50 % de la superficie. El hielo convierte el suelo en una interminable sucesión de grietas, fisuras y montículos. Los musgos, aunque muy importantes en el conjunto de la vegetación, no forman un manto continuo y uniforme, lo cual permite, además, un mejor calentamiento del suelo. Así, por más que el clima de esta zona sea mucho más crudo que en la tundra típica, el ambiente está más diversificado y ofrece más oportunidades de colonización; de modo que, paradójicamente, la vegetación no es más pobre. Por supuesto, los arbustos faltan por completo, si exceptuamos el minúsculo *Salix polaris* que vive entre los musgos dejando asomar tan sólo las inflorescencias y las hojas superiores. Ciertos grupos de plantas, muy abundantes en la tundra típica, aquí faltan o están muy mal representados —por ejemplo, las ciperáceas—. Otros, en cambio, cobran una importancia inusitada: las gramíneas, por ejemplo, que llegan a formar céspedes, o multitud de hierbas dicotiledóneas —géneros *Saxifraga, Draba, Luzula, Papaver,* etc.— que en la tundra típica vivían recluidas en biotopos muy localizados (fig. 49).

Adaptaciones a la vida en la tundra

El árbol, por sus dimensiones, es una forma biológica lenta, incompatible por tanto con el brevísimo período vegetativo que ofrece el clima de la tundra. De ahí su desaparición y reemplazo por tipos biológicos de fisiología más rápida —arbustos y hierbas.

En relación con la altura de la vegetación de la tundra, la nieve es un factor decisivo. En efecto, si bien en primavera es un obstáculo para la vida, en invierno, a su amparo, la temperatura apenas disminuye por debajo del punto de congelación, constituyendo un excelente aislante térmico. Además, protege las plantas de la abrasión de los cristales de hielo al ser barridos por las temibles ventiscas de la tundra.

Pero no es sólo el espesor de la nieve; las bajas temperaturas, la existencia de una capa de aire más templada en la proximidad del suelo y la carencia de nitrógeno, favorecen asimismo la existencia de una vegetación de escaso porte. Además, el crecimiento en altura exige una gran inversión de materia orgánica; en un clima de tan baja productividad biológica, el tamaño pequeño permite una economía en favor de la reproducción, esencial para la pervivencia de la especie.

En la tundra son muy frecuentes las plantas en cojín o que forman tapices compactos —muy conspicuos son los de *Novosieversia glacialis* o de *Saxifraga cespitosa*—, tanto más densos cuanto más adversas son las condiciones. Plantas con esta fisonomía son también características de la vegetación de las altas montañas.

Uno de los caracteres morfológicos más sorprendentes de las plantas de la tundra es su xeromorfismo. Son típicas las hojas pequeñas, aciculiformes, a menudo adheridas al tallo y provistas de una gruesa epidermis —adaptaciones todas ellas destinadas a disminuir la evaporación—. No deja de ser paradójico que en un clima con tanta humedad se desarrollen estas adaptaciones, pero también es verdad que con temperaturas tan bajas los procesos biológicos se enlentecen y que disminuye la potencia suctora de las raíces, por lo que las plantas se verían con problemas para mantener un suministro hídrico adecuado a sus necesidades. Aunque esta explicación es razonable, algunos investigadores atribuyen el xeromorfismo de la tundra a otro tipo de limitación ambiental: la falta de nitrógeno, sea por dificultad de obtenerlo debido al frío, sea por escasez en el suelo.

Debido a la brevedad del período vegetativo, muchas plantas forman los capullos florales y las yemas de una temporada para otra, guardándolas durante el invierno bajo la nieve. De este modo, llegado el verano, pueden iniciar la actividad vegetativa y reproductora sin pérdida de tiempo en preparativos. Este mismo factor no favorece la existencia de especies anuales (terófitos), que necesitan cerrar todo su ciclo biológico —desde la germinación de la semilla hasta la maduración de los frutos— en un solo período vegetativo. Predominan, en cambio, las plantas perennes que renuevan parcial o totalmente los órganos aéreos y conservan los subterráneos (geófitos, hemicriptófitos y caméfitos). A este respecto, son muy interesantes las plantas aperiódicas, como *Braya humilis*, que pueden interrumpir su desarrollo en cualquier estado y reemprenderlo durante el período vegetativo siguiente.

En los climas fríos, la reproducción sexual tropieza con múltiples obstáculos: puede suceder que una helada extemporánea dé al traste con la floración, que las semillas no tengan tiempo suficiente para madurar, o que, si la polinización es entomófila, los insectos aparezcan demasiado tarde por causa de una primavera demasiado tardía. No es de extrañar, pues, que muchas plantas de la tundra se reproduzcan asexualmente mediante rizomas, bulbos o tubérculos radiculares, que además pueden ser utilizados como órganos de reserva. Cuando se produce la reproducción sexual, las semillas son pequeñas, debido a la escasa productividad biológica, y se dispersan fácilmente con el viento.

49

Situación geográfica y especies vegetales características de los tres tipos de paisajes de tundra: arbustivo, típico y ártico.

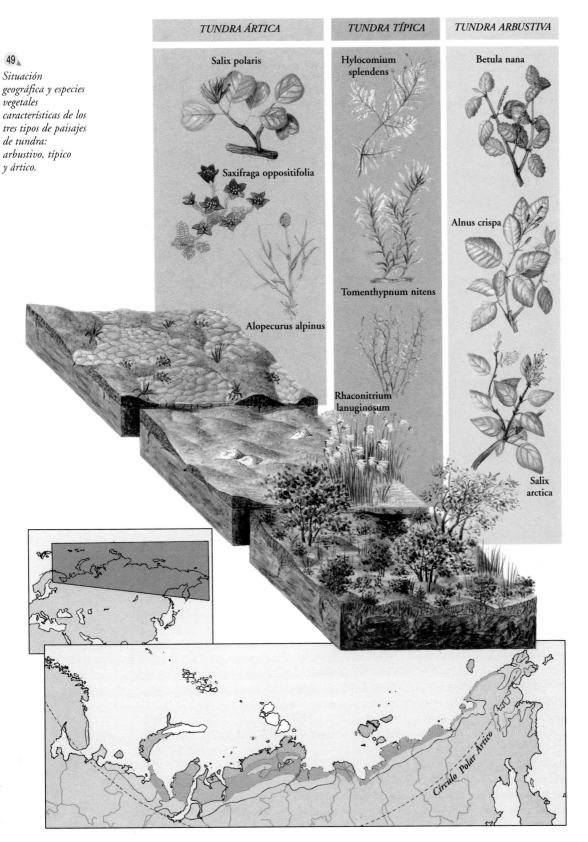

TUNDRA ÁRTICA	TUNDRA TÍPICA	TUNDRA ARBUSTIVA

TUNDRA ÁRTICA

Salix polaris

Saxifraga oppositifolia

Alopecurus alpinus

TUNDRA TÍPICA

Hylocomium splendens

Tomenthypnum nitens

Rhaconitrium lanuginosum

TUNDRA ARBUSTIVA

Betula nana

Alnus crispa

Salix arctica

Círculo Polar Ártico

La vegetación estépica

Las estepas del sur de Rusia

El clima

En el dominio de los bosques nemorales europeos, el clima de las tierras de Europa oriental presenta un acusado carácter continental, con inviernos crudísimos y secos, y veranos suaves y húmedos.

Un detalle muy significativo es el carácter seco del invierno, cuando, en Occidente, ésa es precisamente la época de mayor precipitación. Otro dato a añadir: hacia el sur de Rusia, la temperatura media anual aumenta de resultas de veranos cada vez más cálidos, al tiempo que la precipitación disminuye a valores de aridez casi desértica. El resultado global es una gradación continua del clima: de continental y húmedo en Europa oriental y el centro de Rusia, a continental y seco hacia el sur (fig. 50). ¿Qué nuevas influencias revela este cambio climático? La respuesta es: la proximidad de Asia.

En efecto, la enorme extensión terrestre asiática es fuente de masas de aire continental. En invierno, las gélidas y secas del anticiclón de Siberia; en verano, las tórridas y áridas que se forman en las tierras del centro de Asia, aisladas del océano Índico por la formidable barrera del Himalaya. La transición climática de Europa oriental al sur de Rusia refleja la vecindad de estas masas de aire y la alternancia de su influjo estacional.

Y al cambiar de clima, cambia la vegetación: los bosques centroeuropeos —predominantemente caducifolios— ceden el terreno a un paisaje abierto, dominado por las hierbas, en especial gramíneas, que recibe el nombre de estepa; estepa que, hacia el sur, se convierte progresivamente en un semidesierto de arbustos —antesala de los extensos desiertos centroasiáticos.

El suelo

Paralelamente a la vegetación, evoluciona también la naturaleza del suelo. Los suelos forestales dejan paso a los suelos de estepa, con un horizonte humífero (horizonte A) muy desarrollado que descansa directamente sobre la roca madre (horizonte C) —un loess: limo transportado por el viento durante el último período glaciar—, rica en calcio y magnesio. En el suelo de la estepa típica —una tierra negra—, el horizonte A, de una profundidad de hasta 1 m e incluso más, presenta un característico color negro a causa del alto contenido en humus (del 6 al 10 %) procedente de la mineralización biológica de la gran cantidad de materia orgánica que se acumula; horizonte decarbonatado, al menos en la parte superior, debido al efecto combinado del agua de fusión de la nieve, en primavera, y la elevada actividad biológica en esa época del año: el agua se carga de CO_2 procedente de la respiración de los organismos del suelo, con lo que el carbonato cálcico se convierte en bicarbonato, soluble, que es lavado hacia los niveles inferiores del suelo. La responsabilidad de tamaña actividad descomponedora y humificadora hay que atribuirla a la existencia de una riquísima fauna de lombrices. Igualmente importante para la biología de estos suelos es la actividad de los roedores excavadores (espermófilos, ratas topo, etc.), cuya presencia se detecta en el perfil del suelo en forma de canales y agujeros rellenos de tierra de distinto color; son lo que en ruso se conoce como *krotowinas*. Por debajo del horizonte humífero aparece un horizonte cálcico (horizonte Ca), amarillo ocre, más compacto, con filamentos de carbonato cálcico y gruesas concreciones de caliza.

La estepa frente al bosque: la competencia por el agua

La causa de la sustitución del bosque por la estepa hay que buscarla en la limitada disponibilidad de agua para las plantas. La actividad vegetativa de la estepa se inicia en primavera, en cuanto comienza la fusión de la nieve; desde entonces y hasta mediados de julio es cuando las plantas estépicas pueden dedicarse a crecer y producir flores, aprovechando que el suelo contiene agua suficiente en relación a las exigencias de transpiración, determinadas fundamentalmente por la temperatura. Pero a partir de ese momento, las plantas empiezan a secarse, y llegado agosto, la estepa ofrece un aspecto marchito, que en nada trasluce la exuberancia primaveral, y en ese estado permanecerá hasta que se inicien las nevadas otoñales. Este agostamiento indica que el suelo ya no tiene agua bastante para cubrir las necesidades de las plantas. Para las gramíneas perennes que dominan la estepa, esto no supone mayor quebranto: con una tasa de crecimiento alta, para cuando se agota el agua ya han producido materia orgánica suficiente para sobrevivir hasta la primavera siguiente y afrontar un nuevo período vegetativo, de modo que dejan secar la parte aérea, fotosintética, y subsisten mediante rizomas subterráneos (hemicriptófitos). Para un árbol, este período vegetativo es demasiado breve; en esas fechas aún no ha fabricado suficientes reservas, y si perdiera el follaje o entrara en estado de reposo, moriría literalmente de hambre.

Pero, además, entre las gramíneas y los árboles existe una auténtica com-

50 ▶

Debido a la proximidad de Asia, en la zona oriental de Europa se produce una gradación del clima, con aumento de la temperatura media anual y disminución de la precipitación a medida que se avanza hacia el sur.

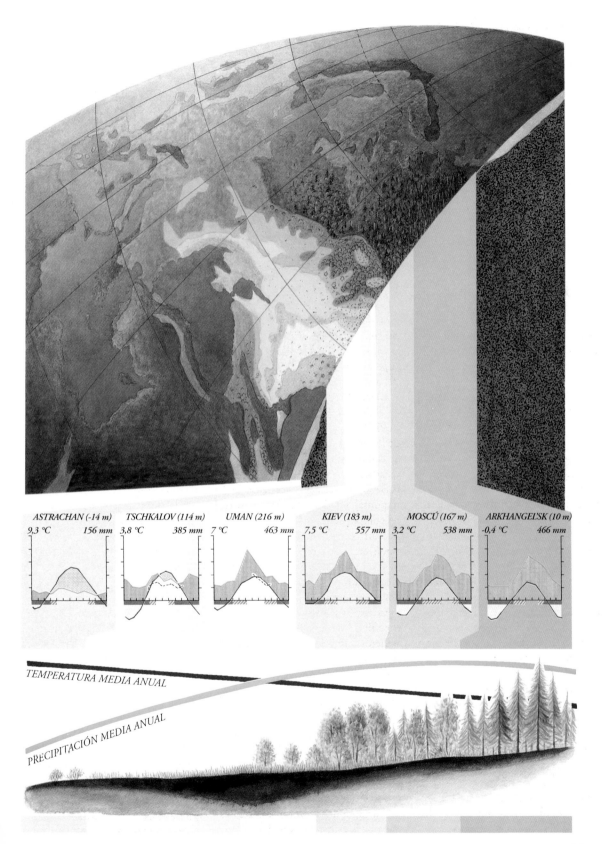

ASTRACHAN (-14 m)
9,3 ℃   156 mm

TSCHKALOV (114 m)
3,8 ℃   385 mm

UMAN (216 m)
7 ℃   463 mm

KIEV (183 m)
7,5 ℃   557 mm

MOSCÚ (167 m)
3,2 ℃   538 mm

ARKHANGEL'SK (10 m)
-0,4 ℃   466 mm

TEMPERATURA MEDIA ANUAL

PRECIPITACIÓN MEDIA ANUAL

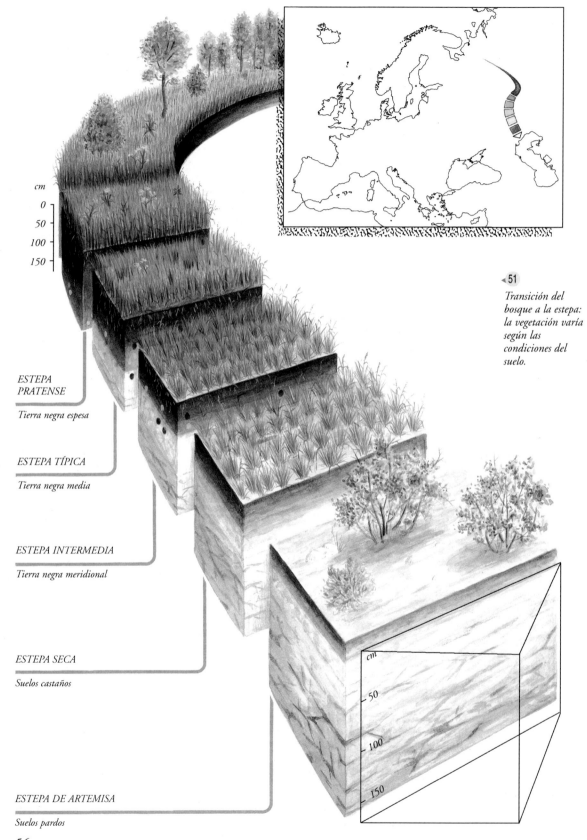

cm
0
50
100
150

ESTEPA
PRATENSE

Tierra negra espesa

ESTEPA TÍPICA

Tierra negra media

ESTEPA INTERMEDIA

Tierra negra meridional

ESTEPA SECA

Suelos castaños

ESTEPA DE ARTEMISA

Suelos pardos

◄ 51

*Transición del
bosque a la estepa:
la vegetación varía
según las
condiciones del
suelo.*

cm
50
100
150

petencia, cuyo resultado depende de las características del suelo y del clima; y la clave de ese antagonismo es el diferente sistema radicular. Las gramíneas poseen raíces cortas, muy ramificadas y densas, que ocupan un pequeño volumen de tierra, pero de forma intensiva. Esta estructura es idónea para suelos de materiales muy finos, pero con suficiente capacidad acuífera, sobre todo cuando el agua llega en la época térmicamente favorable, primavera y verano. En cambio, las plantas leñosas presentan a menudo raíces extensivas, muy largas, pero sin apenas densidad, lo cual es mejor para suelos pedregosos, con una distribución irregular del agua, y no sólo cuando se producen lluvias de verano, sino también invernales —en esa época la vegetación no está activa, el agua se infiltra y, durante el verano, hay que extraerla de los niveles profundos del suelo—. Así pues, en un clima seco, con suelos densos, es de esperar un predominio de la vegetación graminoide: el agua penetra siempre en el suelo por gravedad, de arriba abajo, y se la lleva primero quien tiene las raíces más superficiales: las gramíneas.

Del bosque al semidesierto: el triángulo clima-suelo-vegetación

En la zona de transición del bosque a la estepa, donde ambos reciben la misma cantidad de agua, la competencia favorece a uno u otro según las condiciones del suelo. El bosque se asienta en suelos bien drenados y permeables, sobre montículos o en las laderas de los valles fluviales. La estepa ocupa los suelos densos, mal drenados, de los llanos y mesetas. En esta región, el clima apenas presenta un corto período subárido, y la estepa muestra una gran riqueza de hierbas no graminoides (estepa pratense). El suelo es una *tierra negra espesa,* con un horizonte humífero de más de un metro y medio de profundidad, muy rico en materia orgánica (10-13 %) y

más decarbonatado que en la *tierra negra* típica debido a la mayor pluviosidad; consecuencia de este lavado más intenso es la aparición de un horizonte B algo arcilloso, por debajo del horizonte A (fig. 51).

La estepa típica aparece más al sur, en un clima con un período árido y otro subárido muy prolongado, sobre la *tierra negra* media que se ha descrito con anterioridad, o la *tierra negra meridional,* más pobre en humus (4-6 %), donde se asientan las variedades más ralas de esta vegetación. Es una comunidad dominada por las gramíneas, principalmente estipas (*Stipa pennata, S. capillata, S. laessiagiana*), festuca (*Festuca ovina*) y koelerias (*Koeleria gracilis, K. cristata*). Las plantas herbáceas no graminosas, menos adaptadas a la aridez, pierden representatividad, al tiempo que la cobertura vegetal disminuye y aparecen superficies de suelo desnudo cada vez mayores.

El dominio de los *suelos castaños* es más meridional, y por tanto más árido. El horizonte humífero, de un color pardo chocolate, alcanza unos 60 cm de profundidad, con una concentración de materia orgánica de 3-4 %; por debajo de él se pasa gradualmente a un horizonte Ca blanquecino, más o menos cementado cuando está seco, y finalmente a la roca madre —loess o sedimentos loésicos calizos—. La decarbonatación sólo es perceptible en los 30-40 cm más superficiales. Sobre estos suelos se asienta una estepa seca, más abierta y baja que la anterior, con especies de estepa —en particular *Stipa capillata*—, festuca, koelería y bromus (*Bromus inermis*). En estas tierras, salinizadas por polvo rico en cloruro sódico, arrastrado por los vientos del sur al barrer los desiertos centroasiáticos, cobran importancia las especies del género *Artemisa:* arbustos cuya

presencia anuncia los semidesiertos más meridionales.

Dichos semidesiertos corresponden a un clima con un período de sequía estival prolongado y, por consiguiente, a un suelo más pobre: el *suelo pardo* asentado sobre margas, arenas margosas o loess, con un horizonte húmico muy pobre (2-3 % de materia orgánica), carbonatado ya en la superficie, aunque débilmente, y con reacción algo alcalina, lo que denota presencia de sodio. Al igual que los suelos castaños, también aquí existe un horizonte Ca subhumífero más o menos cementado, pero mientras que en aquéllos aún aparecía alguna que otra krotowina, en el suelo pardo son inexistentes. Estos semidesiertos adoptan el aspecto de una estepa arbustiva muy abierta, apenas cubierta en un 50 % por el elemento vegetal. Propias de estas formaciones son las diversas especies de artemisa (*Artemisa incana, A. austriaca, A. sieben*), junto a matitas de *Pyrethrum achillegifolium y Kochia prostata;* las estipas, en cambio, sólo aparecen de vez en cuando.

La Pampa

El clima

Situada entre los 30 y 39° de latitud S, con casi medio millón de kilómetros cuadrados entre Uruguay, la mitad austral del estado de Río Grande do Sul, en Brasil, y el territorio nororiental de Argentina, la Pampa es el territorio estépico más extenso del hemisferio sur. Inmensa región llana o ligeramente ondulada, cae en el ámbito del clima templado cálido que más al norte acoge la exuberante laurisilva misionera. Aquí también llueve durante todo el año, pero las lluvias son más estacionales que en la laurisilva; la precipitación anual oscila entre 600 y 1100 mm, disminuyendo gradualmente de norte a sur y de este a oeste. Las temperaturas, muy suaves, con

La vegetación estépica (continuación)

promedios anuales de 14-19 °C, presentan así mismo una oscilación más estacional, siendo frecuentes las heladas durante el invierno y la primavera temprana (de 5 a 9 meses con heladas). En definitiva, lo que refleja esta situación climática es el progresivo debilitamiento del influjo del anticiclón subtropical, fuente de aire húmedo y cálido, frente a las masas de aire polar de las latitudes medias, que llegan aquí relativamente exhaustas de humedad. Diríase que un clima de este tipo no justifica un predominio tan abrumador de las estepas de gramíneas en el paisaje pampeano. Ahora bien, con independencia de que el ser humano puede haber favorecido la estepa a costa del bosque (talas, incendios), lo cierto es que el clima es más seco de lo que aparenta. Así lo denota la fisonomía xerófita de las especies pampeanas dominantes: hojas estrechas, coriáceas, a menudo enrolladas sobre sí mismas; en los arbustos son frecuentes las cutículas resinosas, la presencia de espinas, la afilia, etc. Entre las hierbas no graminoides predominan las plantas efímeras de primavera, que vegetan durante el período de mayor disponibilidad de agua y pasan el resto del tiempo en estado de semilla (terófitos) o enterradas bajo tierra (geófitos) —estrategia ésta muy propia de climas áridos. Que incluso en las zonas más húmedas de la Pampa nororiental aparezcan estepas de pasto salado (*Distichlis spicata*) —especie propia de suelos alcalinos— o que las innumerables lagunas que en primavera salpican la Pampa se sequen llegado el verano, son nuevos indicios de aridez (fig. 52).

Las medidas de la evapotranspiración potencial indican que, en la Pampa húmeda, ésta supera a la precipitación en unos 100 mm, cantidad que asciende a 700 mm en las localidades más secas del sur y del suroeste.

Nos hallamos, pues, en un clima típico de estepa boscosa, al menos en el sector nororiental.

La vegetación pampeana

En el distrito más septentrional de la Pampa, el más húmedo, la comunidad característica es una pradera de gramíneas tiernas y numerosísimas hierbas no graminoides, que forman un tapiz vegetal prácticamente continuo sobre suelos profundos, ricos en humus. Entre las gramíneas más abundantes, señalemos *Stipa tenuissima, S. neesiana, Poa lanigera* y numerosas especies de géneros típicamente subtropicales, como *Paspalum, Panicum* y *Axonopus,* entre otros.

Más al sur, ocupando el norte y el este de la provincia de Buenos Aires hasta Mar del Plata y Tandil, aparece una estepa pratense con gramíneas cespitosas de medio metro a un metro de altura, más o menos próximas según la humedad y la fertilidad del suelo (arenoso-arcilloso, algo ácido), entre las cuales crecen abundantes especies no graminosas, más bajas. La cobertura vegetal del suelo varía entre 50 y el 100 %, según la estación del año: es máxima a finales de invierno e inicios de primavera, disminuyendo durante el verano y el otoño. Las especies dominantes son *Bothriochloa laguarioides, Piptochaetium montevidense,* la ya citada *Stipa neesiana, Aristida murina, Stipa papposa,* a las que habría que sumar una larga lista hasta completar un total de unas 23 especies de gramíneas.

Hallándonos en un clima de estepa boscosa, sería de esperar que apareciera vegetación leñosa sobre los suelos más permeables o en los taludes fluviales. En efecto, ocupando los barrancos de la región central de la Pampa, o en los montículos de la llanura, ya en la proximidad de la costa, sobre suelos sueltos formados por

bancos de conchas o dunas viejas, se presentan bosquetes de tala (*Celtis tala*) —ulmácea de 3 a 10 m de altura, de tronco tortuoso y hoja caduca—, que se acompaña de espinillo (*Acacia caven*), ombú (*Phytolaca dioica*), sombra de toro (*Jodina rhombifolia*) y saúco (*Sambucus australis*).

La estepa verdadera se extiende por las tierras del suroeste, de clima más seco y temperaturas más extremas, sobre suelos arenosos o arenosoloésicos. Es una comunidad dominada prácticamente por gramíneas cespitosas, cuyas matas, de casi medio metro de diámetro y un metro de altura, se hallan ampliamente separadas, cubriendo entre el 60 y el 80 % del suelo. Las especies dominantes son: *Poa ligularis,* de algo más de medio metro de altura, con densas inflorescencias plateadas; las flechillas (*Stipa trichotoma* y *S. filiculmis*); y el tupe (*Panicum urvilleanum*). Los arbustos son escasos, pero sí hay numerosas hierbas no graminoides, aunque en menor número que en las comunidades antes señaladas.

En realidad, entre las gramíneas y las hierbas no graminoides existe una competencia análoga a la que se da entre las gramíneas y los árboles: las gramíneas tienen raíces intensivas, mientras que las otras hierbas las tienen extensivas, profundas, a menudo de tipo axonomorfo. Se comprende entonces que al disminuir las precipitaciones, disminuya también la representación de las no graminosas.

52 ▶

Diagramas climáticos y especies vegetales características de diferentes zonas de la Pampa.

CASILDA (74 m)
16,6 °C   870 mm

Poa lanigera

Stipa neesiana

AZUL (133 m)
14,1 °C   816 mm

Stipa papposa

Bothriochloa
lagurioides

Celtis tala

GENERAL PICO
(141 m)
15,7 °C   682 mm

Stipa trichotoma

TRES ARROYOS
(109 m)
14 °C   693 mm

Stipa clarazii   Melica macra

La vegetación estépica (continuación)

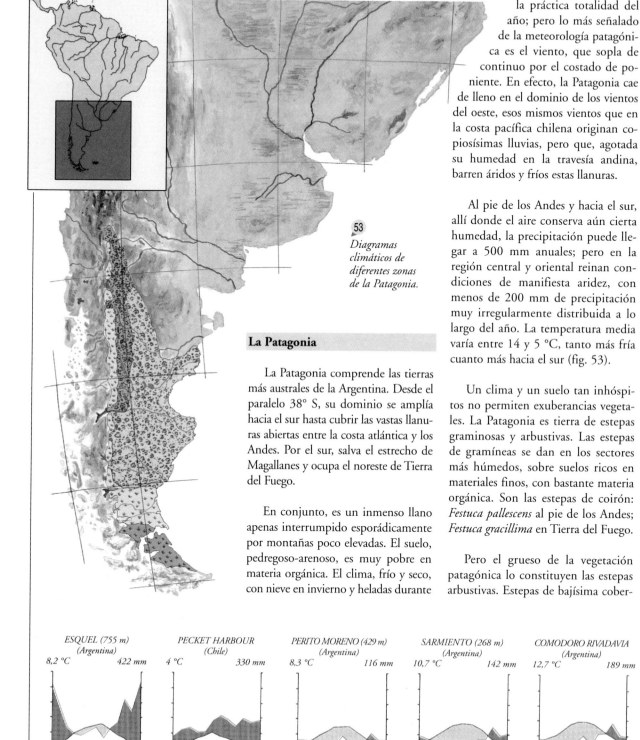

la práctica totalidad del año; pero lo más señalado de la meteorología patagónica es el viento, que sopla de continuo por el costado de poniente. En efecto, la Patagonia cae de lleno en el dominio de los vientos del oeste, esos mismos vientos que en la costa pacífica chilena originan copiosísimas lluvias, pero que, agotada su humedad en la travesía andina, barren áridos y fríos estas llanuras.

Al pie de los Andes y hacia el sur, allí donde el aire conserva aún cierta humedad, la precipitación puede llegar a 500 mm anuales; pero en la región central y oriental reinan condiciones de manifiesta aridez, con menos de 200 mm de precipitación muy irregularmente distribuida a lo largo del año. La temperatura media varía entre 14 y 5 °C, tanto más fría cuanto más hacia el sur (fig. 53).

Un clima y un suelo tan inhóspitos no permiten exuberancias vegetales. La Patagonia es tierra de estepas graminosas y arbustivas. Las estepas de gramíneas se dan en los sectores más húmedos, sobre suelos ricos en materiales finos, con bastante materia orgánica. Son las estepas de coirón: *Festuca pallescens* al pie de los Andes; *Festuca gracillima* en Tierra del Fuego.

Pero el grueso de la vegetación patagónica lo constituyen las estepas arbustivas. Estepas de bajísima cober-

53
Diagramas climáticos de diferentes zonas de la Patagonia.

La Patagonia

La Patagonia comprende las tierras más australes de la Argentina. Desde el paralelo 38° S, su dominio se amplía hacia el sur hasta cubrir las vastas llanuras abiertas entre la costa atlántica y los Andes. Por el sur, salva el estrecho de Magallanes y ocupa el noreste de Tierra del Fuego.

En conjunto, es un inmenso llano apenas interrumpido esporádicamente por montañas poco elevadas. El suelo, pedregoso-arenoso, es muy pobre en materia orgánica. El clima, frío y seco, con nieve en invierno y heladas durante

ESQUEL (755 m) (Argentina)	PECKET HARBOUR (Chile)	PERITO MORENO (429 m) (Argentina)	SARMIENTO (268 m) (Argentina)	COMODORO RIVADAVIA (Argentina)
8,2 °C 422 mm	4 °C 330 mm	8,3 °C 116 mm	10,7 °C 142 mm	12,7 °C 189 mm
Distrito SUBANDINO	Distrito FUEGUINO	Distrito OCCIDENTAL	Distrito CENTRAL	Distrito del GOLFO DE S. JORGE

tura vegetal —con clara vocación de semidesierto—, asentadas sobre suelos arenoso-pedregosos o francamente pedregosos, débilmente alcalinos, como corresponde a un clima árido. Especies características son: el neneo (*Mulinum spinosum*), frecuente en la región occidental; los quilenbais (*Chuquiraga avellanedae, Ch. straminea*), el colapiche (*Nassauvia glomerulosa*) y la mata negra (*Verbena tridens*), que dominan el sector central; o la malaspina (*Trevoa patagonica*) y el duraznillo (*Colliguaya integerrima*) en el golfo de San Jorge (fig. 54).

ma) o el pingo-pingo (*Ephedra frustillata*)—, la presencia de pelos, de ceras impermeabilizantes, son adaptaciones a la conservación del agua. Son frecuentes las plantas con crecimiento heteroblástico, como el colapiche o la mata negra, cuyos tallos normales están cubiertos de ramitas muy cortas (braquiblastos) sobre las que se insertan las hojas, diminutas y muy apretadas. Y para combatir el viento, lo mejor es recogerse sobre sí y procurar que no se cuele entre las ramas; por eso abundan tanto las plantas en cojín, que forman matas semiesféricas

más o menos compactas en cuyo interior se crea un microclima más favorable, sin los extremos de variación que reinan en el exterior. Idéntica morfología presentan muchas especies de la tundra y de las altas montañas, propias de hábitats muy ventosos.

54

Especies vegetales características de la Patagonia.

Nassauvia glomerulosa

Colliguaya integerrima

Mulinum spinosum

Chuquiraga straminea

Examinada con cierto detalle, la flora patagónica revela en su morfología la fuerte presión del medio en que ha evolucionado. La aridez y el viento son los principales factores de selección; otro más es la acción de los herbívoros.

La producción vegetal es baja, como corresponde a un clima tan riguroso, y en estas condiciones, la voracidad de los herbívoros sería nefasta: a este respecto, las espinas constituyen una magnífica defensa. La reducción de la superficie foliar, exagerada hasta la afilia —cuando desaparecen las hojas y son los tallos los que se ocupan de la fotosíntesis, como en el espino negro (*Colletia spinosissi-*

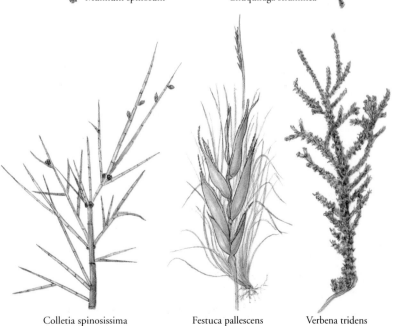

Colletia spinosissima

Festuca pallescens

Verbena tridens

La vegetación de los desiertos

Introducción

En las regiones áridas, la precipitación anual es muy inferior a la evaporación potencial y las plantas se ven obligadas a vivir bajo un estrés hídrico casi permanente. Si algo comparten todos los paisajes desérticos es la pobre cobertura vegetal y la escasez de árboles. Lejos de formar un tapiz continuo, las plantas crecen separadas, dejando entre sí espacios más o menos grandes de suelo desnudo.

Se considera que un paisaje árido es un semidesierto cuando la vegetación cubre en torno al 25 % del suelo y se distribuye de manera uniforme por las superficies llanas (vegetación difusa). Ejemplos típicos de semidesierto son: las estepas de artemisa del sureste de Rusia; el desierto de Sonora, en el noroeste de México; la Puna, en los Andes de Sudamérica; y buena parte de las tierras de la Patagonia.

En el desierto verdadero hay un predominio casi absoluto de los suelos yermos y desnudos, y las plantas sólo crecen en lugares muy localizados (oasis), donde las condiciones hídricas son más favorables. El desierto del Sahara pertenece a esta categoría; en el Nuevo Mundo, el único desierto verdadero es el de Atacama, en Chile, y su prolongación en Perú.

El clima

Aunque la aridez es el carácter definitorio de todos ellos, cada desierto tiene una personalidad climática propia. Compárense si no el desierto de Sonora, el de Atacama y la Puna. El primero es seco y cálido. El desierto de Atacama es extremadamente árido, pero fresco; además, en las proximidades de la costa

55

Situación geográfica de las regiones desérticas y diagramas climáticos de diversos puntos situados en dichas zonas.

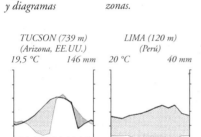

TUCSON (739 m) (Arizona, EE.UU.) 19,5 °C 146 mm

LIMA (120 m) (Perú) 20 °C 40 mm

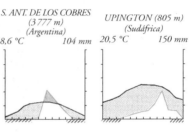

S. ANT. DE LOS COBRES (3 777 m) (Argentina) 8,6 °C 104 mm

UPINGTON (805 m) (Sudáfrica) 20,5 °C 150 mm

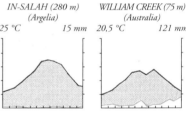

IN-SALAH (280 m) (Argelia) 25 °C 15 mm

WILLIAM CREEK (75 m) (Australia) 20,5 °C 121 mm

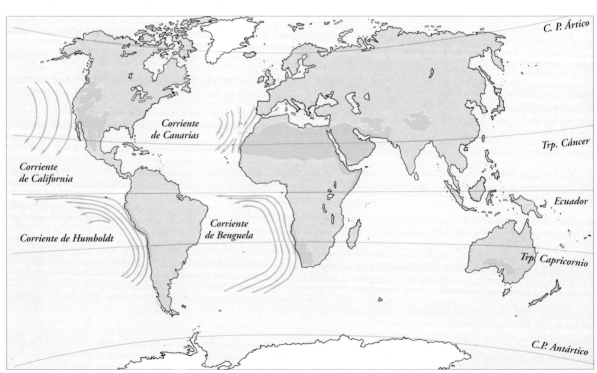

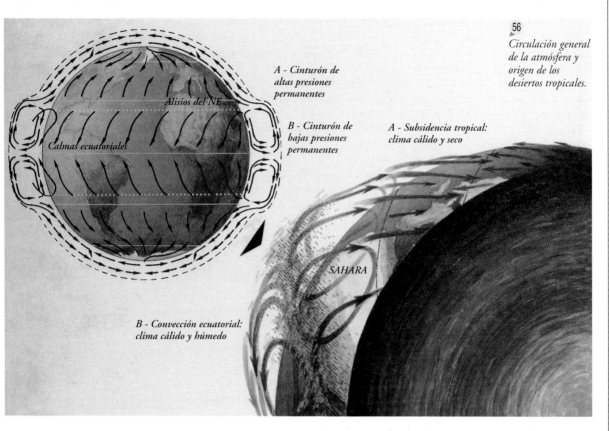

56
Circulación general
de la atmósfera y
origen de los
desiertos tropicales.

A - Cinturón de
altas presiones
permanentes

B - Cinturón de
bajas presiones
permanentes

A - Subsidencia tropical:
clima cálido y seco

Alisios del NE

Calmas ecuatoriales

SAHARA

B - Convección ecuatorial:
clima cálido y húmedo

son frecuentes las nieblas, muy persistentes, que penetran algunos kilómetros tierra adentro: «garúas» las llaman en Perú, «camanchacas» en Chile. La Puna, por las altitudes que ocupa, entre 3 500 y 4 000 m, ofrece un clima seco y muy frío, con temperaturas medias que van de 8 a 9 °C (fig. 55).

No obstante estas particularidades, los tres desiertos comparten un mismo origen. Obsérvese su situación geográfica: todos caen en la banda comprendida entre 15 y 35° de latitud, centrada en los respectivos trópicos; banda en la que se localizan todos los grandes desiertos.

Quizás resulte paradójico, pero estos desiertos son consecuencia de que en las latitudes más bajas exista un clima húmedo capaz de sustentar la selva lluviosa tropical. El aire que en el ecuador ascendía por convección y

provocaba copiosísimas lluvias, viaja hacia los respectivos polos por la alta atmósfera y desciende, ya seco, en la banda latitudinal señalada. Como al descender se calienta, la humedad relativa disminuye aún más, y el resultado es un clima seco con temperaturas extremas (fig. 56).

Lo curioso es que, en esas mismas latitudes, las costas occidentales de los continentes sean tan áridas. Atacama en Chile, Namibia en el suroeste de África o Baja California en Centroamérica, son desiertos costeros en los que cabría esperar alguna influencia del aire marítimo, húmedo. Pero no es así, y la razón es doble.

Por un lado, los anticiclones marítimos subtropicales despiden aire seco en su borde oriental. Por otro, existen corrientes de agua fría —la corriente de Humboldt frente a las costas de

Chile y Perú, la de California en la costa suroccidental de EE.UU.— que viajan paralelas a la costa desde los polos hacia el ecuador. Al circular el aire anticiclónico por encima de estas aguas, se enfría, al tiempo que se forman las densas nieblas que caracterizan a estos desiertos.

Como el aire frío es más pesado que el caliente, y el sol no puede penetrar hasta el suelo debido a las nieblas, se crea una fuerte inversión térmica (lo normal es que el aire, en contacto con el suelo, se caliente y ascienda) que impide la disipación de las brumas.

Adaptaciones de las plantas a la aridez

En primer lugar, podría pensarse que, dada la escasez de agua en los climas de desierto, las plantas de esa formación poseen mecanismos fisiológi-

La vegetación de los desiertos (continuación)

cos especiales para extraerla del suelo, por ejemplo, una presión osmótica celular más alta que en las plantas de clima húmedo, lo cual supondría una capacidad de absorción mayor. Pero la verdad es que tales mecanismos no existen.

Las plantas absorben agua por la raíz y la pierden por transpiración en las hojas. Cuanto menor es la disponi-bilidad en agua en el suelo, más separa-das crecen entre sí; en otras palabras, hay menos agua, pero al ser menos a repartir, la cantidad que corresponde a cada una viene a ser más o menos la misma.

Claro que para ello habrá que ten-der raíces más extensas, lo cual no sig-nifica que tengan que ser más pro-fundas. Por lo general, las lluvias de

Sin embargo, la disponibilidad de agua para la planta depende en gran medida de la textura de suelo. A este respecto, mientras que en las regiones húmedas los suelos arenosos tienen un carácter más seco que los arcillosos, en el desierto ocurre exactamente lo opuesto. En efecto, un suelo de grano fino retiene más agua, pero también tarda más en absorberla. Ahora bien, en un suelo de materiales gruesos, con

SUELO ARCILLOSO   **ARENOSO**   **PEDREGOSO**

57

En los desiertos, al contrario de lo que ocurre en las regiones húmedas, cuanto más grandes son los poros y más gruesos son los materiales del suelo, mayor es la penetración del agua y, por tanto, menor su evaporación, con lo que aumenta su disponibilidad para las plantas.

desierto tienen un carácter torrencial y sólo humedecen la capa más superfi-cial del suelo. Así, lo óptimo será un sistema radicular extenso y poco pro-fundo. Un ejemplo espectacular es el célebre saguaro (*Carnegia gigantea*), un cacto gigante del desierto de Sono-ra cuyas raíces alcanzan en la horizon-tal hasta 30 m de longitud. Las plan-tas de desierto con raíz axonomorfa profunda suelen alimentarse de acuí-feros subterráneos.

grandes poros, el agua se infiltra más deprisa y a mayor profundidad —y cuanto más penetre, más protegida estará de la evaporación, que sólo se produce en la superficie (fig. 57).

Puesto que las plantas de desierto carecen de mecanismos especiales para absorber agua, alguna estrategia han de adoptar para soportar períodos de sequía que se pueden prolongar años enteros. Muchísimas hierbas del desierto son plantas efímeras: aprovechan los breves períodos de lluvias que se dan en casi todos los desiertos para desarrollar su ciclo vital, y pasan

necen a este grupo algunos líquenes y musgos, y helechos como la flor de peña (*Selaginella lepidophilla*) que vive en el desierto del norte de México.

Un recorrido por un territorio de aridez creciente —por ejemplo, desde el centro de Chile, de clima mediterráneo, hacia el norte, pasando por el matorral semidesértico y el desierto— ilustra a la perfección las tenden-

el follaje, pueden fotosintetizar en cualquier época del año, si bien con fuertes restricciones cuando cierran los estomas y cortan la transpiración.

En las regiones semidesérticas, las esclerófilas desempeñan un papel secundario en la vegetación, constituida en un alto porcentaje por plantas caducifolias que pierden la hoja durante la época de sequía. Éstas presentan

58
Modificación de la vegetación a medida que se incrementa la aridez del suelo.

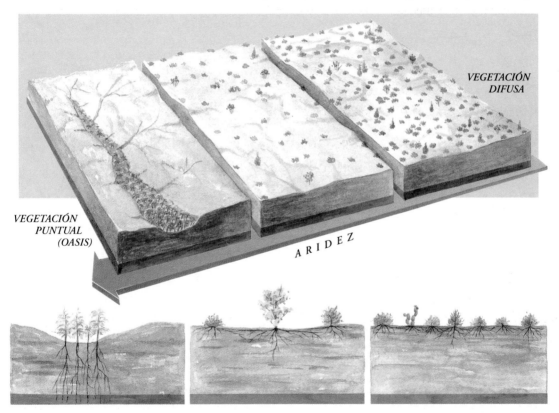

VEGETACIÓN
PUNTUAL
(OASIS)

VEGETACIÓN
DIFUSA

A R I D E Z

el resto del tiempo como semillas (plantas anuales o terófitos) o subsisten bajo tierra merced a órganos subterráneos de supervivencia, como los bulbos (geófitos).

Otras especies conservan sus órganos vegetativos aéreos durante los períodos de sequía, pero toleran un grado de desecación extremo, permaneciendo en estado latente; en cuanto llueve un poco, se hidratan y reviven. Perte-

cias adaptativas de las plantas a la aridez (fig. 58). Las plantas de clima mediterráneo son, en su mayoría, esclerófilas: sus hojas, siempre verdes, de reducida superficie y gruesa cutícula, son muy impermeables al agua; además, los estomas, por lo general sólo presentes en el envés de la hoja, se cierran en los momentos de sequía más aguda, con lo que reducen al mínimo la transpiración y la consiguiente pérdida de agua. Al conservar

hojas anchas, sin gruesas cutículas que las protejan de la pérdida de agua; ni siquiera cierran los estomas en los momentos de estrés hídrico. Cuando la sequía aprieta, reducen la pérdida de agua desprendiéndose de las hojas. Para entonces, merced a su alta capacidad fotosintética —que, en promedio, duplica la de las esclerófilas—, han asimilado tanto CO_2 como una esclerófila durante todo un año. Pertenecen a este grupo multitud de

La vegetación de los desiertos (continuación)

plantas, como el ocotillo (*Fouqueria splendens*), el incienso (*Encelia farinosa*) o la corona de fraile (*E. tomentosa*). Hay especies, como los palos verdes (*Cercidium microphyllum, C. floridum*), que pierden las hojas, de por sí ya muy reducidas, durante el período de sequía y fotosintetizan a través de los tallos, clorofílicos.

En las regiones más áridas adquieren importancia las plantas suculentas. Su estrategia frente a la sequía no podría ser más contundente: absorben enormes cantidades de agua cuando llueve, y la almacenan en grandes células situadas en las hojas o los tallos, que se convierten en auténticos aljibes. Plantas típicas de hoja suculenta son los magueyes (género *Agave*) y los datilillos (género *Yucca*) de los desiertos del norte de México, o las puyas (*Puya chilensis, P. beteroniana*) del desierto chileno. Más frecuente es que almacenen el agua en los tallos, porque estas plantas suelen tener las hojas muy reducidas o son áfilas, como los cactos, que tanto éxito han alcanzado en los desiertos de Centro y Sudamérica; señalemos, a título de ejemplo, además del saguaro, el cirio (*Idria columnaris*) y el quisco (*Trichocereus chilensis*) entre las arborescentes, o el sandillón (*Echinocactus ceratites*), de forma esférica.

La fotosíntesis en las plantas de desierto

La limitación que supone la sequía para la vida vegetal ha favorecido la aparición, en las plantas de las regiones áridas, de mecanismos bioquímicos que permiten realizar la fotosíntesis con un mínimo de transpiración, o sea, con un importante ahorro de agua (fig. 59).

La mayoría de las plantas de la región templada asimilan el CO_2 atmosférico a través de una vía metabólica conocida como ciclo Calvin-Benson, en la que el primer producto sintetizado es una molécula de tres átomos de carbono —por esta razón reciben el nombre de plantas C_3.

Muchas gramíneas de origen tropical (*Panicum, Pennisetum, Setaria*) y dicotiledóneas de climas secos como *Atriplex, Kochia, Portulaca,* han desarrollado una vía alternativa en la que el primer producto es un compuesto de cuatro átomos de carbono —plantas C_4—. El mecanismo es muy complicado. La molécula C_4 es sintetizada en las células del mesófilo foliar, pero éstas no pueden convertirla en azúcares, que son el principal producto de la fotosíntesis. Esta operación la realizan las células vecinas del esclerénquima; una vez allí, la molécula C_4 será desdoblada para recuperar el CO_2, que seguirá ahora la vía metabólica normal del ciclo de Calvin. Este complejo mecanismo permite a las plantas C_4 asimilar CO_2 a concentraciones mucho más bajas que las plantas C_3, con lo que pueden cerrar los estomas y evitar la pérdida de agua sin limitar gravemente la fotosíntesis.

Pero aun así, las plantas pierden algo de agua durante el proceso. A este respecto, las suculentas han llegado a un grado de adaptación más notable. Sólo abren los estomas durante la noche, cuando la pérdida de agua por transpiración es menor, y entonces incorporan el CO_2 atmosférico en la vía C_4, formando diversos ácidos orgánicos que se acumulan en las vacuolas de las células al no poder ser metabolizados por falta de luz. Durante el día, las suculentas se guardan de abrir los estomas, pero entonces recuperan el CO_2 de los ácidos formados por la noche y lo incorporan normalmente al ciclo de Calvin. Así pues, las vacuolas de las suculentas actúan como reserva de agua y de CO_2, lo que les permite realizar la fotosíntesis con la máxima economía hídrica.

Los desiertos de Centro y Sudamérica

El desierto de Sonora

Ocupa este desierto la región suroccidental de EE.UU. y el norte de México (el estado de Sonora, el norte de Sinaloa y la península de Baja California). Se trata de un territorio bajo, constituido por llanuras interrumpidas ocasionalmente por montañas de escasa altitud. El clima es seco y cálido, con temperaturas que superan los 37 °C durante períodos de dos a tres meses consecutivos; en contraste, los inviernos son fríos, con temperaturas por debajo del punto de congelación; en la península de Baja California, las temperaturas son más suaves debido al efecto amortiguador de las aguas frías de la corriente de California. Las lluvias son muy escasas en el golfo de California —entre 50 y 100 mm anuales—, pero lejos de la costa y a mayor altitud la precipitación llega a los 300 mm.

En esta región, grandes extensiones de terreno están colonizadas por una estepa arbustiva de gobernadora (*Larrea divaricata*) y burro (*Franseria dumosa*). Junto a esta estepa, en las colinas rocosas y laderas con suelos de materiales más gruesos, se instala una comunidad más rica en especies, que incluye árboles de hoja pequeña, arbustos y abundantes cactos. Las especies dominantes son el palo verde (*Cercidium microphyllum*) y el ya mencionado saguaro, un cacto enorme que puede llegar a pesar 6 t; otras especies características son el palo hierro (*Ol-*

59 ▶

Mecanismo de la fotosíntesis en las plantas de la región templada, en las gramíneas tropicales y en las plantas suculentas desérticas.

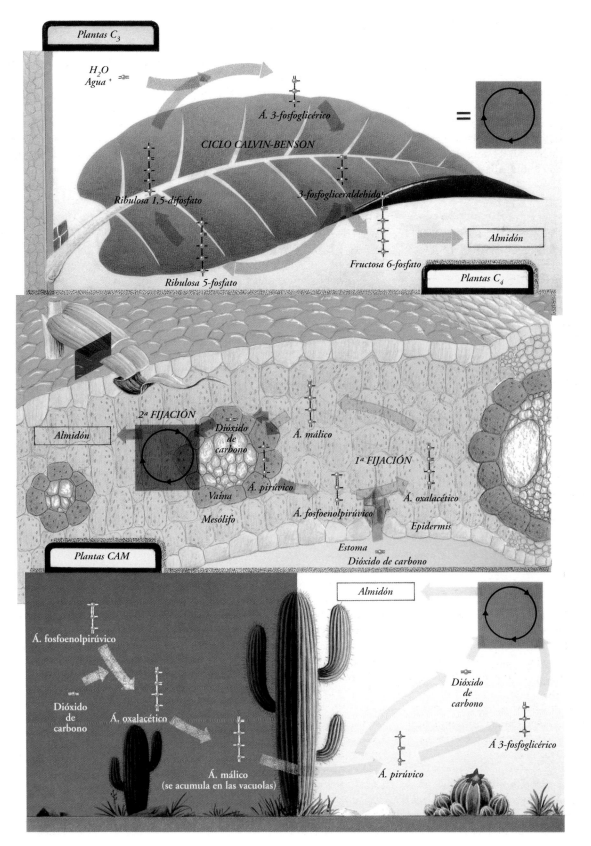

Plantas C₃

H_2O
Agua +

Á. 3-fosfoglicérico

CICLO CALVIN-BENSON

Ribulosa 1,5-difosfato

3-fosfogliceraldehído

Almidón

Ribulosa 5-fosfato

Fructosa 6-fosfato

Plantas C₄

2ª FIJACIÓN

Almidón

Dióxido de carbono

Á. málico

1ª FIJACIÓN

Vaina

Á. pirúvico

Mesólifo

Á. fosfoenolpirúvico

Á. oxalacético

Epidermis

Estoma

Dióxido de carbono

Plantas CAM

Á. fosfoenolpirúvico

Almidón

Dióxido de carbono

Á. oxalacético

Dióxido de carbono

Á. pirúvico

Á 3-fosfoglicérico

Á. málico
(se acumula en las vacuolas)

La vegetación de los desiertos (continuación)

neya tesota), el árbol elefante (*Bursera microphylla*) y cactáceas como las chollas arborescentes (*Opuntia bigelovii, O. fulgida*) (fig. 60).

La vegetación de Baja California es muy distinta. Allí predomina un matorral crasicaule con arbustos pequeños como *Franseria magdalenae* y *F. chenopodifolia*; destacan especies suculentas como el mezcal (*Agave deserti*), el maguey gigante (*A. shawil*), el cirio y numerosos cactos de los géneros *Opuntia, Pachycereus, Machaerocereus,* etc. Viven en estos mismos hábitats el incienso (*Encelia farinosa*); el datilillo (*Yucca valida*), otra suculenta muy característica; el mezquite (*Prosopis

juliflora*); y la jojoba (*Simmondsia chinensis*), de la que se extrae una cera líquida muy empleada en la industria farmacéutica y en la de cosméticos.

El desierto peruano-chileno

Se prolonga este desierto a lo largo de la costa del Pacífico entre los 5 y 30° de latitud sur. Cabe distinguir dos regiones bien definidas: el desierto costero, seco y fresco, sumido en nieblas muy persistentes; y el desierto interior, con cielos radiantes y temperaturas más extremas, que se prolonga hacia oriente hasta las estribaciones de los Andes. La precipitación, de unos 80 mm en Piura, al norte de Perú, disminuye hacia el sur hasta la región septentrional de Chile, donde llega a

ser nula, para luego aumentar hasta unos 110 mm en Coquimbo.

En el desierto costero, la vida vegetal depende del agua de condensación de las nieblas. Muy típicos son los *tillandsiales* o comunidades de especies del género *Tillandsia,* especialmente adaptadas a esta fuente de humedad merced a unos pelos absorbentes que tienen las hojas y que captan directamente las gotitas de agua condensada.

En el norte de Chile, donde la cordillera de la Costa se aproxima al mar, a la vez que se torna más escarpada y alta, el agua de condensación de las nieblas permite el desarrollo de una comunidad de arbustos y cactos arborescentes conocida como *formación de*

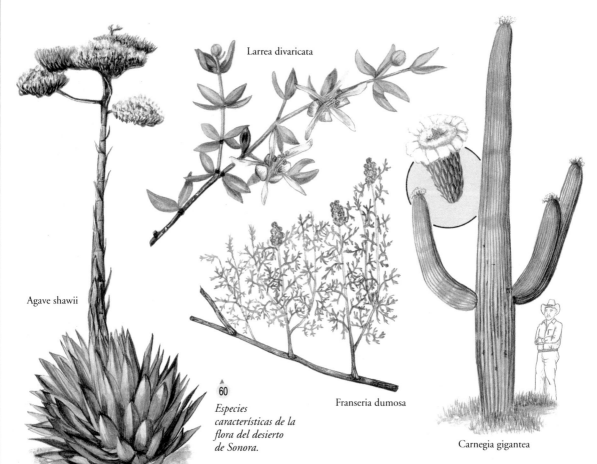

Larrea divaricata

Agave shawii

60

Especies características de la flora del desierto de Sonora.

Franseria dumosa

Carnegia gigantea

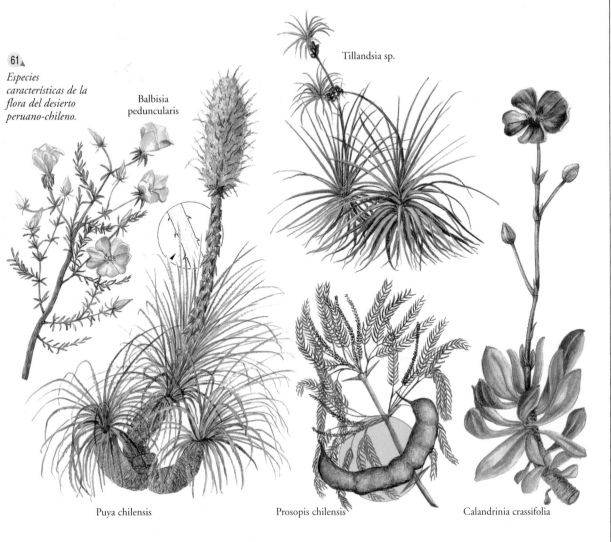

61

Especies características de la flora del desierto peruano-chileno.

Balbisia peduncularis

Tillandsia sp.

Puya chilensis

Prosopis chilensis

Calandrinia crassifolia

lomas. Vive esta comunidad en las vertientes occidentales de la cordillera, a altitudes entre 300 y 800 m coincidentes con el cinturón de nieblas. Entre los arbustos más frecuentes figuran la chamisilla (*Bahia ambrosioides*), el lechero (*Euphorbia lactiflua*), la tipia (*Proustia tipia*) y el rabo de zorro (*Ophryosporus foliosus*). Las especies de cactos corresponden principalmente a los géneros *Copiapoa, Eulychnia, Opuntia* y *Eriosyce* (fig 61).

Por encima de la faja de nieblas, la vegetación se empobrece a ojos vistas y el matorral se convierte en un desierto abierto donde dominan los cactos esféricos: el sandillón (*Echinocactus ceratites*) es muy representativo.

Hacia los 1000 m se abre el desierto interior, desprovisto de vida vegetal excepto en los lugares donde hay acuíferos de agua subterránea próximos a la superficie, en los que crecen bosques abiertos y ralos de tamarugo (*Prosopis tamarugo*), algarrobo (*P. chilensis*) y chañar (*Geoffrea decorticans*).

Hacia la Gran Cordillera, con el aumento de la altitud y el influjo ocasional de las lluvias estivales de la Puna, aparece una comunidad de cactos columnares —el candelabro (*Browningia candelaris*), el cardón (*Trichocereus tarapacanus*) y otros— entre los cuales crecen arbustos como *Franseria fruticosa, Kaegeneckia lanceolata, Diplostephium tacorense,* etc.

Al sur del paralelo 27°, bajo la influencia de las condiciones más favorables de la vecina región mediterránea, se deja sentir un sensible aumento de las precipitaciones. El período seco se prolonga de 8 a 9 meses, con 3-4 subhúmedos en invierno, época en la que se concentra el crecimiento de las plantas. No obstante, son frecuentes las sequías de tres, cuatro y más años de duración. Corresponde a este clima un semidesierto arbustivo muy rico en especies. Cuando la precipitación alcanza o supera la media, brota un tapiz de plantas efímeras con bellísimas flores, que desaparecen a los pocos días y quizás no vuelvan a germinar en años. Destacan las especies anuales de los géneros

La vegetación de los desiertos (continuación)

Calandrinia, Nolana, Tetragonia y *Oxalis*, entre otros. También tienen importancia los geófitos bulbosos, como *Hippeastrum, Tecophilea* y *Astroemeria*. Pero son los arbustos los que definen la fisonomía de esta formación, con especies como la copa de oro (*Balbisia peduncularis*), la corona de fraile (*Encelia tomentosa*), el churco (*Oxalis gigantea*), el palo yegua (*Fuchsia lycioides*), la mata gorda (*Carica chilensis*) y una suculenta, la puya (*Puya chilensis*). No faltan los cactos, muy conspicuos en el paisaje, como el ya citado quisco o el quisquito (*Echinocactus accutisimus*).

Por el sur, este semidesierto limita con la región esclerófila de clima mediterráneo, que se ha analizado ya en el capítulo *La vegetación esclerófila mediterránea*.

La Puna

Entre los 15 y los 27° de latitud sur, la cordillera de los Andes se bifurca en dos grandes brazos que acogen un territorio más o menos llano a 3 500-4 000 m de altitud, interrumpido por montañas que alcanzan fácilmente los 5 000 m: es la Puna o Altiplano andino.

El clima imperante es seco y muy frío, con grandes contrastes de temperatura durante el año y lluvias exclusivamente estivales. Y si acusada es la oscilación anual de la temperatura, más lo es la diaria: en un mismo día se han llegado a medir variaciones de 21 a 27 °C. En cuanto a la precipitación, disminuye progresivamente de norte a sur y de este a oeste, con promedios anuales máximos que superan a los 400 mm (Puna húmeda) y unos mínimos por debajo de 100 mm (Puna desértica o Puna de Atacama). Como es característico de los climas de desierto, a la escasez de precipitaciones se suma la irregularidad de las mismas de un año a otro.

El déficit de agua casi permanente, la baja humedad atmosférica, la intensa radiación solar a tan grandes altitudes y la fuerte oscilación diaria de la temperatura, con valores nocturnos por debajo del punto de congelación durante todo el año, son los principales factores climáticos que han determinado los caracteres adaptativos de la flora puneña. Caracteres que tienden a asegurar la obtención de agua, la conservación de la misma —acumulándola o reduciendo la transpiración— y la protección contra el frío.

Y a la dureza del clima hay que agregar unos suelos raquíticos, frecuentemente arenosos o pedregosos, muy pobres en materia orgánica debido a la escasa descomposición biológica en un clima tan seco y frío. Además, en las depresiones del terreno, a causa de la intensa evaporación, se acumulan grandes cantidades de sales solubles que llegan a esterilizar por completo el suelo (salares).

En un medio ambiente de estas características, el paisaje aparece dominado por estepas arbustivas y graminosas muy abiertas. La única vegetación arbórea está representada por pequeños bosques de queñoa (*Polylepis tomentella*) que se instalan al abrigo de algunos barrancos (fig. 62).

La estepa arbustiva caracteriza el paisaje del Altiplano entre 3 400 y 4 300 m de altitud. Es una comunidad de medio a un metro de altura, dominada por arbustos que dejan grandes espacios de suelo desnudo entre ellos. Las especies más representativas son la esclerófila tolilla (*Fabiana densa*), que compensa el reducido tamaño de sus hojas con la presencia de tejido clorofílico en las ramas jóvenes; la añagua (*Adesmia horridiuscula*), con espinas trífidas; y la chijua (*Baccharis boliviensis*). Otras acompañantes son la rosita (*Junellia serphioides*), esclerófila; la lejía (*Baccharis incarum*), también esclerófila, con pelos glandulosos que segregan resina, protegiendo la epidermis de la excesiva transpiración; la mocoraca (*Senecio viridis*), con hojas suculentas; la rica-rica (*Acantholippia hastulata*), la suriyanta (*Nardophyllum armatum*) y varias más.

En las depresiones arenosas con nivel freático poco profundo y en las orillas de los ríos, se desarrollan los típicos «tolares», comunidades arbustivas dominadas por las tolas (*Parastrephia lepidophylla, P. phylicaeformis*): plantas de hojas escamiformes, densas y apretadas contra el tallo, como las del ciprés. Junto a estas especies son frecuentes la cortadera (*Cortaderia speciosa*) y la muña-muña (*Satureja parvifolia*).

La estepa de gramíneas domina el paisaje andino entre 4 300 y más de 5 000 m de altitud, donde la temperatura media anual es inferior a 0 °C y nieva o graniza en cualquier época del año. Se trata de una estepa desértica de gramíneas xerófilas (*Festuca ortophylla, F. chrysophylla, Poa gymnantha*), con los bordes de la hoja enroscados para proteger la cara superior de la excesiva transpiración. Son muy conspicuas las especies que crecen en forma de cojines o placas, como la llareta (*Azorella compacta*), el cacto *Opuntia atacamensis* y diversas especies de los géneros *Adesmia, Pycnophyllum* y otros. Tradicionalmente se ha considerado que esta forma de crecimiento es una adaptación al frío y a la sequía, pero existen muchas opiniones encontradas al respecto y no está claro cuál es su significado.

62 ▶

Situación geográfica de la Puna, diagramas climáticos de diversas zonas de esta región andina y especies características de su flora.

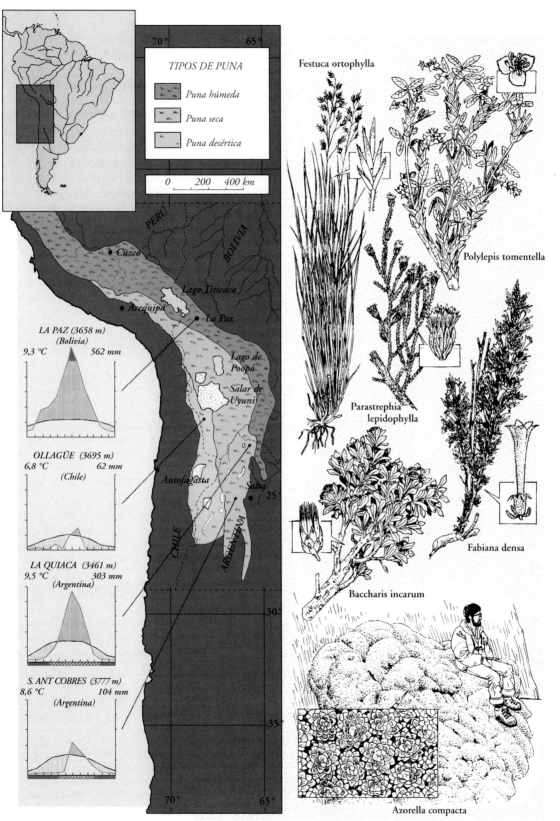

TIPOS DE PUNA

Puna húmeda

Puna seca

Puna desértica

0   200   400 km

PERÚ

BOLIVIA

Cuzco

Lago Titicaca

Arequipa

La Paz

Lago de Poopó

Salar de Uyuni

Antofagasta

Salta

CHILE

ARGENTINA

LA PAZ (3658 m)
(Bolivia)
9,3 °C   562 mm

OLLAGÜE (3695 m)
6,8 °C   62 mm
(Chile)

LA QUIACA (3461 m)
9,5 °C   303 mm
(Argentina)

S. ANT COBRES (3777 m)
8,6 °C   104 mm
(Argentina)

Festuca ortophylla

Polylepis tomentella

Parastrephia lepidophylla

Fabiana densa

Baccharis incarum

Azorella compacta

71

La vegetación de las montañas

Clima y zonación altitudinal

La característica más señalada de la vegetación de las montañas, quizás la única generalizable a todas ellas, es la disposición de las distintas comunidades en franjas o pisos que se suceden unos a otros desde el pie de la montaña hasta las cumbres. El hecho determinante de tal ordenación es el clima. Bien es cierto que los climas de montaña son muy diversos, tanto, que es imposible hablar de un clima de montaña específico; pero todos tienen una cosa en común, a saber: a mayor altitud, más frío. Las masas de aire del llano, obligadas a elevarse por las laderas, se expanden y enfrían progresivamente —las neveras domésticas funcionan de forma parecida: el motor descomprime un gas encerrado en un recipiente, y al hacerlo, el gas se enfría—. Al tiempo que cambia la temperatura, lo hacen también la humedad, la precipitación, el viento, la radiación solar, etcétera. Con la variación de condiciones climáticas, se modifica la competencia entre las diversas especies de plantas: cada especie está adaptada a unas condiciones determinadas, fuera de las cuales se halla en desventaja frente a otras mejor adaptadas a las nuevas circunstancias y es desplazada por aquéllas. El resultado, en el caso particular de las montañas, es la sustitución de unas por otras y la formación de pisos altitudinales de vegetación.

Los Pirineos

Con 450 km de longitud, la cordillera pirenaica marca el límite natural entre la península Ibérica y el resto del continente europeo. Comúnmente se diferencian cuatro pisos de vegetación —basal, montano, subalpino y alpino, en orden de altitud creciente— que son reflejo de la variación altitudinal del clima: según ascendemos, el verano pierde el carácter árido mediterráneo, se torna más húmedo, y se acorta; el invierno, en cambio, se alarga y cobra tintes muy gélidos.

63
Zonación altitudinal de los Pirineos.

64 ▶
Especies características de la flora de los Pirineos.

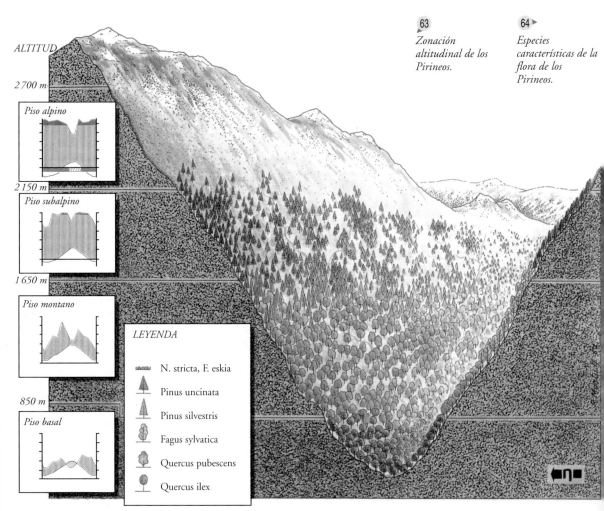

ALTITUD

2 700 m

Piso alpino

2 150 m

Piso subalpino

1 650 m

Piso montano

850 m

Piso basal

LEYENDA

N. stricta, F. eskia

Pinus uncinata

Pinus silvestris

Fagus sylvatica

Quercus pubescens

Quercus ilex

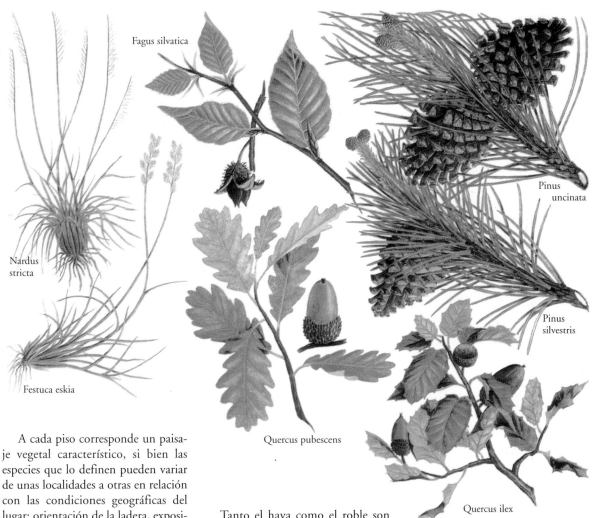

Fagus silvatica

Pinus uncinata

Nardus stricta

Pinus silvestris

Festuca eskia

Quercus pubescens

Quercus ilex

A cada piso corresponde un paisaje vegetal característico, si bien las especies que lo definen pueden variar de unas localidades a otras en relación con las condiciones geográficas del lugar: orientación de la ladera, exposición al viento, etc. (fig. 63).

El piso basal comprende las tierras bajas que forman el zócalo de la montaña, hasta una altitud de 800-900 m. Son tierras de clima mediterráneo, cuyo paisaje vegetal está dominado por el bosque de encina (*Quercus ilex*), esclerófilo y siempre verde.

Montaña arriba, desde el límite superior del piso basal hasta los 1600-1700 m, se extiende el piso montano con sus bosques caducifolios: bosques de haya (*Fagus silvatica*) o de roble (*Quercus pubescens*). Las coníferas, representadas por el pino albar (*Pinus silvestris*), aparecen sólo en las vertientes más secas y asoleadas, ya en el linde con el piso subalpino (fig. 64).

Tanto el haya como el roble son árboles de hoja ancha, blanda y suave, que renuevan cada año —caracteres todos ellos que son la antítesis de la vegetación mediterránea—. No es de extrañar, pues en el clima montano no existe un período de sequía prolongado y no son necesarias medidas especiales para ahorrar agua. En estas condiciones, las hojas de haya o de roble son, en comparación, más eficientes y económicas que las esclerófilas, por lo que la competencia favorece a estas especies, que se enseñorean del paisaje. Pero, a la par, los inviernos son más fríos que los mediterráneos, con nieve y frecuentes heladas; y ante los daños que el hielo podría ocasionar, lo mejor es desprenderse de la hoja, pasar el invierno en reposo y producir nuevo follaje con la llegada de la primavera.

El piso subalpino, entre 1 700 y 2 100-2 200 m de altitud, marca un nuevo cambio en el paisaje: la entrada en el dominio de los bosques de pino negro (*Pinus uncinata*), conífera de hoja acicular, rígida y perenne. ¡Asombroso!, ahora que parecía que el agua dejaba de ser un problema, he aquí de nuevo las adaptaciones a la aridez (hoja coriácea, de escasa superficie, cubierta de una cutícula gruesa) que se observaban en la vegetación mediterránea; y además exageradas, porque la hoja acicular del pino es la mínima expresión de una superficie. Por si fuera poco, reaparece hasta el carácter perenne de la hoja: ¿qué significa este cambio de estrategia? Por

La vegetación de las montañas (continuación)

supuesto que en el piso subalpino no existe sequía estival, pero un caducifolio necesita un verano suficientemente cálido y prolongado —como mínimo 4 meses— para asegurarse el crecimiento y la acumulación de las reservas necesarias para la producción de nuevas hojas al año siguiente. Y estas condiciones no se dan en el piso subalpino, donde el verano es demasiado fresco y breve para los requerimientos de los caducifolios. Por esta razón, la competencia favorece las especies, como el pino negro, que conservan la hoja durante todo el año. Ahora bien, habrá que protegerla, durante el gélido invierno, tanto de la acción destructora del hielo como de la aridez que éste comporta; y es por ello que tiene estructura esclerófila.

Hacia 2 100-2 200 m de altitud, el clima resulta demasiado frío incluso para las coníferas. Cuando el período en que la planta puede llevar vida activa (período vegetativo) no llega a un mínimo de tres meses, las acículas jóvenes no pueden desarrollarse por completo y su cutícula no alcanza el espesor debido. El resultado es que no logran sobrevivir a un nuevo invierno y, a la postre, el árbol muere.

Estas condiciones marcan el límite del piso subalpino y del paisaje forestal. A mayores altitudes, en el piso alpino, el árbol como tipo biológico es demasiado grande y lento. La extremada dureza climática de la alta montaña exige formas pequeñas, capaces de renovar sus órganos aéreos en el brevísimo período vegetativo estival en que las heladas —siempre posibles— son más infrecuentes. Tal es la razón de que el paisaje alpino esté dominado por la vegetación herbácea: hierbas perennes, que renuevan las hojas cada año, pero cuyas raíces y tallos sobreviven bajo el suelo, en estado de reposo, hasta el siguiente período vegetativo.

Los Andes

La diversidad de los paisajes andinos

Con una longitud de más de 7 000 km —casi dos veces la distancia entre los extremos meridional y septentrional de Europa—, los Andes presentan tal sucesión latitudinal de climas que resulta imposible trazar un esquema único de zonación. Si a esto se añade la influencia de factores geográficos como, por ejemplo, la orientación de las montañas respecto de los vientos dominantes, o la naturaleza marítima o continental de estos últimos, la situación se hace aún más compleja (fig. 65).

Así, en las latitudes próximas al Ecuador, la vegetación forestal, en sus diferentes versiones, cubre las dos vertientes andinas —amazónica y pacífica— hasta 3 500-4 000 m de altitud. A mayores altitudes, el bosque deja paso a los páramos: paisaje abierto, típico y exclusivo de la alta montaña tropical, constituido por árboles enanos, arbustos y plantas herbáceas.

Más al sur, a la altura de Perú y el norte de Chile, las frías aguas de la corriente de Humboldt barren el litoral marino en su ascenso hacia el Ecuador y crean, en la vertiente pacífica andina, condiciones de aridez casi absoluta; tierras desnudas, desprovistas de toda vida vegetal o con una vegetación de arbustos y plantas suculentas adaptada a condiciones de sequía extremas. En cambio, la vertiente atlántica, de clima tropical o subtropical, acoge una zonación de bosques análoga a la que se observa a menor latitud, salvando las diferencias de composición específica de las diversas comunidades vegetales. Más allá del límite altitudinal del bosque, se extiende ahora el altiplano andino o «puna»: inmensa meseta situada a una altitud media de 4 000 m, fría y seca, cubierta de estepas arbustivas y graminosas.

Un nuevo desplazamiento hacia el sur y los Andes entran de lleno en el dominio de los vientos del oeste. Las montañas emergen directamente del Pacífico, componiendo un paisaje de rías y canales no muy diferente del que se aprecia en la costa atlántica escandinava. Obligados a elevarse por encima de estas alturas, esos vientos occidentales dan lugar a un clima templado a templado-frío, lluvioso en demasía, bajo el cual prosperan bosques perennifolios o caducifolios, según la altitud. Salvada la línea de cumbres, esos mismos vientos, ahora fríos y secos, cruzan la Patagonia, convertida por efecto de la aridez y las bajas temperaturas en una estepa arbustiva o graminosa similar a la que domina el paisaje puneño.

Una zonación tropical: los Andes ecuatoriales

Como modelo de zonación andina tropical, es muy ilustrativa la que muestran los Andes colombianos, válida para toda la región andino-amazónica desde Perú hasta Venezuela, si bien la composición específica de los distintos pisos varía a lo largo de tan amplio territorio.

En Colombia, la selva lluviosa tropical, siempre verde, típica de la cuenca del Amazonas, se prolonga hacia occidente hasta el pie mismo de los Andes, trepando por la cordillera hasta unos 1 000 m de altitud (acerca de estas selvas, véase el capítulo *La selva lluviosa tropical*).

Ya en pleno territorio andino, la selva de tierra baja cede su puesto a

65 ▶

Debido a la extraordinaria longitud de la cordillera de los Andes, es imposible establecer un *esquema único de zonación altitudinal, ya que ésta varía en función de la latitud.*

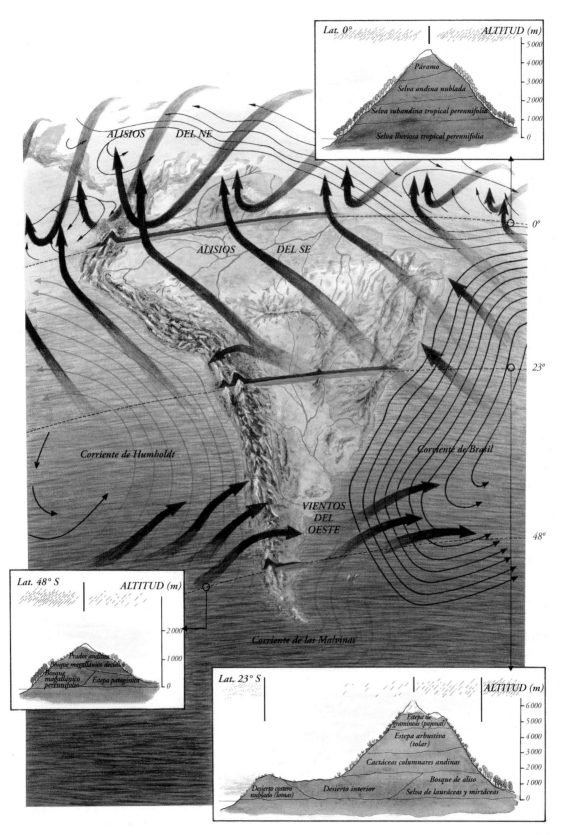

Lat. 0°   ALTITUD (m)
                                                      5 000
                                                      4 000
                    Páramo   3 000
               Selva andina nublada   2 000
        Selva subandina tropical perennifolia   1 000
         Selva lluviosa tropical perennifolia   0

ALISIOS   DEL NE

0°

ALISIOS   DEL SE

23°

Corriente de Humboldt   Corriente de Brasil

48°

VIENTOS
DEL
OESTE

Corriente de las Malvinas

Lat. 48° S   ALTITUD (m)

                              2 000
           Prados andinos
        Bosque magallánico decíduo   1 000
Bosque
magallánico
perennifolio   Estepa patagónica   0

Lat. 23° S   ALTITUD (m)
                                               6 000
                    Estepa de
                    gramíneas (pajonal)   5 000
                  Estepa arbustiva
                  (tolar)   4 000
              Cactáceas columnares andinas   3 000
                                               2 000
                              Bosque de aliso
Desierto costero   1 000
nublado (lomas) Desierto interior Selva de lauráceas y mirtáceas
                                               0

La vegetación de las montañas (continuación)

la llamada selva subandina, que extiende sus reales hasta 2 000-2 400 m de altitud. Esta selva mantiene el carácter perennifolio de la de tierra baja, pero a lo largo de su recorrido altitudinal son perceptibles cambios muy significativos. De los tres pisos arbóreos típicos de la pluvisilva, desaparece el superior, al tiempo que el diámetro medio de los árboles disminuye y son menos los que presentan contrafuertes. Mengua así mismo el tamaño medio de las hojas. Las palmeras, en particular las grandes, están menos representadas, lo mismo que las lianas y los epífitos leñosos.

El número de especies arbóreas de este tipo de selva es elevadísimo, aunque menor que en las selvas inferiores. De entre esa infinidad de especies destacaremos una, el quino (género *Cinchona*), de cuya corteza se extrae la quinina. Otros elementos característicos de estas selvas son los bambúes (género *Chusquea*) y los helechos arbóreos (géneros *Cyathea, Alsophyla, Dicksonia*). La cota de los 1 500 m marca el límite altitudinal de supervivencia de un buen número de especies tropicales, al tiempo que cobran importancia géneros característicos de las laurisilvas templadas: *Weinmannia, Drimys, Ilex, Myrica.* Tal afinidad se explica por la similitud del régimen climático: las laurisilvas exigen una humedad ambiental más o menos constante y unas temperaturas suaves, sin cambios estacionales bruscos. Una y otra condiciones las satisface el clima subandino (fig. 66).

Hacia los 2 400 m de altitud comienzan los bosques andinos, que forman una franja continua hasta los 3 800 m. Coinciden estas selvas con el cinturón de nubes y nieblas que se origina por condensación de la humedad del aire procedente de las cotas inferiores de la montaña. Tan cons-

tante es este ambiente brumoso que se habla de selva nublada andina.

Se observa en estos bosques una continuación de las tendencias fisonómicas del piso inferior, a la par que cobra dominancia alguna especie o género —*Weinmannia,* por ejemplo. Aparte de éste y otros ya presentes en las selvas inferiores, conviene citar como típicos *Escalonia, Anus, Podocarpus* —una conífera— y las extraordinarias palmas de cera (*Ceroxylon andina*), que sobresalen del dosel forestal alcanzando alturas de 40 m y aun más.

Uno de los rasgos más llamativos de la selva andina es la extraordinaria profusión de vida epífita. Bromelias, orquídeas, lobelias, begonias contribuyen, entre otras familias de plantas, a la exuberancia de estas selvas; pero son sobre todo los helechos y briófitos (musgos y hepáticas) los que, en un ambiente de nieblas constantes, se hacen con el dominio casi absoluto de este género de vida, cubriendo materialmente las ramas y los troncos de los árboles.

Hacia los 3 600-3 800 m de altitud se abre el páramo andino: extensas regiones desarboladas que coronan los Andes tropicales hasta el límite de las nieves perpetuas (4 700 m aprox.). Frío y húmedo, el páramo señala el límite de la selva. La vegetación del páramo está constituida básicamente por un prado de gramíneas salpicado de arbustos o incluso pequeños arbolitos de 1-2 m de altura, y gran variedad de plantas cespitosas, almohadilladas o que forman rosetas. Pero el tipo biológico más personal es, sin duda, el de los frailejones (compuestas del género *Espeletia*): forman estas plantas grandes rosetas de hojas blanquecinas, algodonosas, que nacen del extremo de un tallo erecto, sin ramificaciones, de la altura de una persona.

Este singular tipo biológico —caulirosula— es de origen tropical y aparece también en otros grupos de plantas, como los helechos arborescentes y las palmeras.

El acusado carácter xeromorfo de la vegetación del páramo contrasta con el elevado índice de humedad ambiental: hojas pequeñas o muy pequeñas, duras y coriáceas, abundancia de plantas tomentosas —adaptaciones típicas a la aridez—. Hay agua, desde luego, pero el frío y la elevada presión osmótica del suelo dificultan la absorción de la misma por las raíces; y a ello hay que añadir la intensa transpiración a que se ven sometidas las plantas en los breves momentos en que el cielo está despejado, y el efecto desecante del viento, sobre todo a las bajas presiones atmosféricas que reinan a esas altitudes.

No cabe abandonar estas montañas sin hacer mención expresa de un interesante problema ecológico: ¿qué factor o factores determinan el límite altitudinal del bosque en los Andes tropicales?; porque aquí no cabe decir que a grandes altitudes el verano es demasiado corto para la vida arbórea, ya que el régimen térmico es muy uniforme a lo largo del año. Todo parece indicar que el factor decisivo es la temperatura del suelo, que permanece uniformemente frío durante todo el año. Esta circunstancia, sumada a que las raíces de los árboles tropicales tienen una temperatura mínima de actividad superior a 0 °C, determina que aquéllos se puedan «helar» a temperaturas por encima del punto de congelación físico.

66 ▶

Zonación altitudinal de los Andes ecuatoriales.

4 700

PÁRAMO
ANDINO
$\bar{T}$ anual:1-10 °C
$\Delta \bar{T}$ anual: 3 °C
$\bar{P}$ anual: 1 000-2 300 mm

Calamagrostis

3 800

Espeletia

Alnus

SELVA
ANDINA
$\bar{T}$ anual: 3-15 °C
$\Delta \bar{T}$ anual: 2-3 °C
$\bar{P}$ anual: 500-2 500 mm

2 400

Cinchona

SELVA
SUBANDINA
$\bar{T}$ anual: 16-23 °C
$\Delta \bar{T}$ anual: 1-2 °C
$\bar{P}$ anual: 2 000-5 000 mm

1 000

metros

SELVA
AMAZÓNICA
$\bar{T}$ anual: 24 °C
$\Delta \bar{T}$ anual: 2 °C
$\bar{P}$ anual: 2 500-3 500 mm

Matisia

Nectandra

La vegetación acuática y el tránsito a la terrestre (las turberas)

El medio acuático

El fitoplancton

El medio acuático permite al mundo vegetal modos de vida absolutamente desconocidos en el medio aéreo. Aunque existen formas que viven fijas sobre el sustrato —sea adheridas por la base, sea arraigadas—, aquellas que justifican el grueso de la actividad fotosintética de los ecosistemas acuáticos —mares, lagos, charcas, ríos— son las de vida errante, que viven suspendidas en las aguas y que colectivamente se conocen como *fitoplancton.*

Los organismos del fitoplancton son fundamentalmente algas de tamaño microscópico. En realidad, bajo la denominación de algas microscópicas se incluyen organismos muy diversos en origen y estructura. Sólo unas pocas —las mal llamadas algas azules, o cianofíceas, más próximas a las bacterias fotosintéticas que a las plantas— son procariotas, es decir, su material genético no está organizado en cromosomas y carecen de núcleo celular. Las restantes, la inmensa mayoría, son eucariotas y poseen cromosomas y una membrana nuclear que los separa del citoplasma; a la categoría de algas nucleadas con representantes planctónicos pertenecen los siguientes grupos: dinofíceas, criptofíceas, crisofíceas, diatomeas, xantofíceas, euglenales y clorofíceas (fig. 67).

El nivel de organización de las algas del plancton es muy elemental.

Se trata de organismos unicelulares, constituidos por una sola célula o por agrupaciones de unas pocas células idénticas entre sí o con una especialización muy incipiente. En muchos casos, la presencia de flagelos —estructuras móviles filiformes y con función natatoria— es tan constante que son muy útiles para la clasificación de los diferentes grupos; no obstante, la capacidad natatoria es limitada y el fitoplancton se halla siempre a merced del movimiento del agua. Será precisamente esta dependencia lo que

67
Diferentes tipos de algas microscópicas que componen el fitoplancton.

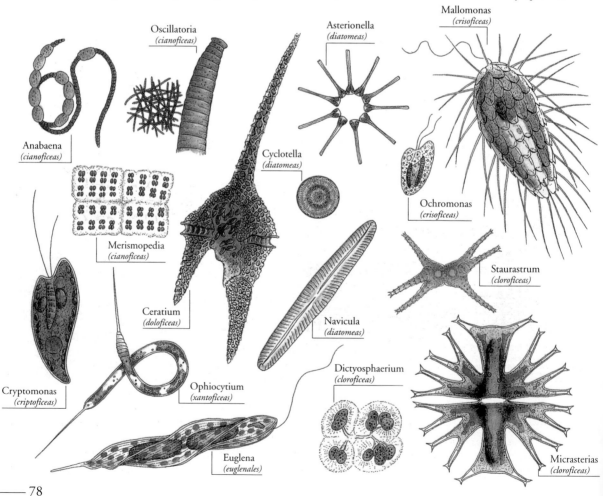

Oscillatoria *(cianofíceas)*

Asterionella *(diatomeas)*

Mallomonas *(crisofíceas)*

Anabaena *(cianofíceas)*

Cyclotella *(diatomeas)*

Ochromonas *(crisofíceas)*

Merismopedia *(cianofíceas)*

Staurastrum *(clorofíceas)*

Ceratium *(doloficeas)*

Navicula *(diatomeas)*

Cryptomonas *(criptofíceas)*

Ophiocytium *(xantofíceas)*

Dictyosphaerium *(clorofíceas)*

Euglena *(euglenales)*

Micrasterias *(clorofíceas)*

determinará, en buena medida, sus características y su dinámica.

Adaptaciones al medio ambiente fitoplanctónico

Al ser las células del fitoplancton fotosintéticas, su vida está supeditada a la disponibilidad de luz y de nutrientes minerales disueltos en el agua que las rodea —nitratos y fosfatos fundamentalmente, si exceptuamos el dióxido de carbono y, en el caso específico de las diatomeas, los silicatos, pues el silicio es esencial para la construcción de las valvas.

La luz

En un lago o un mar, la luz solar penetra en las aguas por la superficie y es absorbida, en un alto porcentaje,

supervivencia del fitoplancton depende de su capacidad para mantenerse en la zona iluminada, contrarrestando la gravedad que tiende a sedimentar las células (los organismos del fitoplancton de agua dulce tienen una densidad que es de 1,01 a 1,03 veces la del agua), y la acción disgregadora de la agitación turbulenta del agua. De hecho, las comunidades fitoplanctónicas han evolucionado bajo la presión que supone la eliminación constante de células hacia las aguas profundas, inhabitables (fig. 68). ¿Cómo se han adaptado a esta merma física de sus poblaciones?

Una estrategia evolutiva frente a esta sangría consiste en producir nuevos individuos a un ritmo suficiente-

a una exportación sistemática de una parte de sus individuos; por ejemplo, los prados y las praderas bajo la acción de los herbívoros, del fuego o de las condiciones climáticas adversas. Todas ellas están adaptadas a una rápida renovación de los efectivos exportados.

Además de esta estrategia de carácter general, los organismos del fitoplancton presentan adaptaciones mor-

68

La supervivencia del fitoplancton depende de sus estrategias para mantenerse en la zona iluminada del agua,

contrarrestando la acción sedimentaria de la gravedad y la acción disgregadora de las turbulencias que agitan el agua.

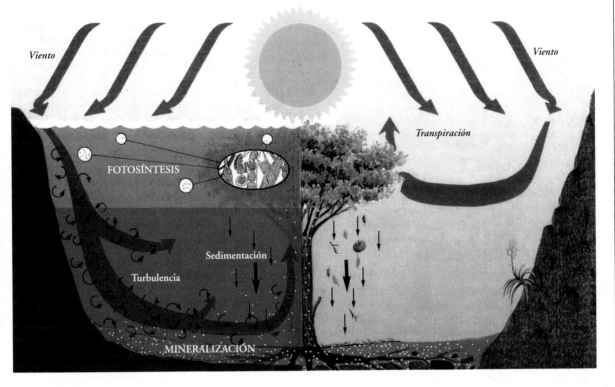

en los primeros metros. Así pues, la vida del fitoplancton está limitada al espesor de las aguas iluminadas, que constituyen la llamada zona fótica. Considerando sólo este factor, la

mente acelerado como para que el incremento por reproducción compense el número de pérdidas. No difiere esta estrategia de la que muestran otras comunidades vegetales sometidas

fológicas y fisiológicas, tendentes a reducir la velocidad de sedimentación.

Por supuesto, el tamaño pequeño favorece la flotación. También la favo-

La vegetación acuática y el tránsito a la terrestre (las turberas) (continuación)

rece la presencia de flagelos natatorios, como lo demuestra la profusión de formas flageladas en el fitoplancton de finales de verano (de los lagos de la región templada), cuando las aguas se hallan en su momento de máximo calentamiento y mínima agitación turbulenta.

Otro elemento de adaptación es la forma de las células. En efecto, la adopción de formas con una elevada relación superficie/volumen —formas cilíndricas, discoidales— resulta ventajosa, pues las fuerzas de sedimentación son proporcionales al volumen, mientras que las de sustentación, de fricción, lo son a la superficie. A este respecto, la presencia de espinas y protuberancias multiplica la superficie y la resistencia por rozamiento.

Por último, la producción de envolturas de mucílago —por lo general menos densas que la célula—, la presencia de vacuolas de gas y la acumulación de grasas, son otros tantos modos de favorecer la flotabilidad. Sin embargo, no está claro que sea ésa la causa primaria de estos procesos, en particular la acumulación de mucílagos y grasas.

Los nutrientes minerales

Si bien la turbulencia tiene resultados negativos para el plancton por el arrastre de las células fuera de la zona fótica, también es cierto que cumple una función ecológica fundamental para la supervivencia de las comunidades fitoplanctónicas.

Mientras que la producción de materia orgánica (por fotosíntesis) está ligada a las aguas superficiales, la descomposición de la misma, con la consiguiente liberación de nutrientes minerales, tiene lugar en las aguas profundas y oscuras, más concretamente en el sedimento. Y para poner de nuevo los nutrientes al alcance del fitoplancton se hace necesario un transporte vertical, que en los lagos y mares viene mediado por la agitación turbulenta del agua bajo la acción del viento. Así pues, al impedir la extinción del fitoplancton por inanición, la turbulencia se convierte en un factor de supervivencia.

Los macrófitos acuáticos

Bajo la denominación de macrófitos acuáticos se incluyen todas las formas de vegetación acuática macroscópica, desde macroalgas y algunos musgos y helechos adaptados a la vida acuática, hasta verdaderas plantas superiores (Angiospermas).

El examen atento de una laguna revela la existencia de cinturones de vegetación característicos, más o menos continuos y regulares según la topografía del cuerpo de agua. Desde el borde de ésta, o mejor, desde las inmediaciones del agua hacia el centro de la laguna, podemos distinguir los siguientes tipos de vegetación acuática (fig. 69):

Macrófitos emergentes, que colonizan los suelos empapados en agua o sumergidos hasta profundidades del orden de 1,5 m, donde asientan potentes rizomas o sistemas radiculares. Por contra, los tallos y las hojas son aéreos. Pertenecen a este cinturón los carrizos (género *Phragmites*), los juncos (género *Scirpus*), las aneas o totoras (género *Typha*) y el pirí (*Cyperus giganteus*), entre otros.

Macrófitos de *hojas flotantes,* que viven arraigados en los fondos, sumergidos a profundidades de 0,5 a 3 m. Presentan hojas con peciolos de longitud proporcional a la profundidad a que viven, de modo que aquéllas permanecen extendidas en la superficie del agua con el haz expuesto al aire. Ejemplos típicos de este tipo biológico serían los nenúfares (géneros *Nuphar, Nymphaea*) o el hermoso maíz de agua (*Victoria cruziana*).

Macrófitos sumergidos, que se distribuyen hasta el límite de la zona fótica, si bien las angiospermas no superan los 10 m de profundidad. Pertenecen a este grupo: algas como los carófitos (géneros *Chara, Nitella*); pteridófitos tan primitivos como los isoetes (género *Isoetesa*); muchos musgos; y angiospermas tan conocidas de los aficionados a los acuarios como *Elodea, Myriophyllum, Potamogeton, Cabomba* y un largo etcétera.

Rompiendo con esta zonación, el grupo de los *macrófitos flotantes* comprende los que viven libres, ora en la superficie del agua —*Eichhornia, Pistia, Lemna, Azolla, Salvinia*—, ora sumergidos —*Ceratophyllum* o *Utricularia,* esta última dotada de hojas transformadas en trampas para la captura de diminutos animales del plancton con los que puede compensar la escasez de nutrientes minerales disueltos en el agua.

Adaptaciones de los macrófitos a la vida acuática

La diversidad de hábitats de los diferentes macrófitos obliga a adaptaciones muy variadas. En los emergentes, las raíces o rizomas viven en un medio permanentemente sin oxígeno y han de obtenerlo mediante los órganos aéreos, que son morfológica y fisiológicamente similares a los de las

69 ▶

Especies características de los diferentes tipos de vegetación acuática macroscópica (macrófitos acuáticos), según la proximidad al centro de la laguna.

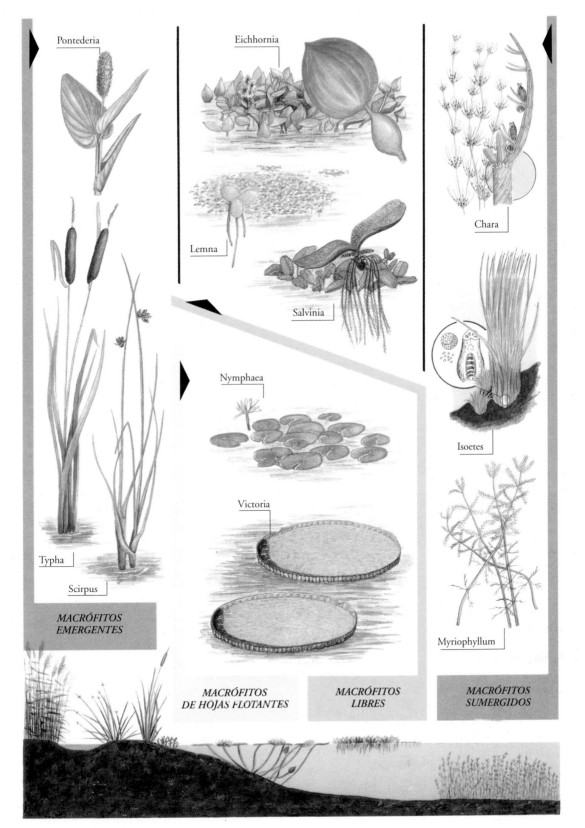

Pontederia

Eichhornia

Chara

Lemna

Salvinia

Isoetes

Nymphaea

Victoria

Typha

Scirpus

*MACRÓFITOS
EMERGENTES*

*MACRÓFITOS
DE HOJAS FLOTANTES*

*MACRÓFITOS
LIBRES*

Myriophyllum

*MACRÓFITOS
SUMERGIDOS*

La vegetación acuática y el tránsito a la terrestre (las turberas) (continuación)

plantas terrestres afines. Para facilitar el intercambio de gases, el mesófilo de las hojas presenta grandes espacios llenos de aire (lagunas), interrumpidos por diafragmas porosos a los gases pero no al agua.

Los macrófitos de hojas flotantes han de afrontar la tensión mecánica producida por el movimiento del agua. De ahí la tendencia a las hojas peltadas, recias, de forma circular. Los peciolos, flexibles, son algo más largos que la profundidad del agua, lo cual permite que las hojas permanezcan siempre en la superficie en medio del oleaje. Tienen éstas una cutícula hidrófoba en la cara superior —la única que posee estomas—, para evitar mojarse; en puntos localizados de las mismas, existen masas de tejido esponjoso que facilitan la flotación.

Las condiciones de vida son totalmente distintas para los macrófitos sumergidos. La escasa iluminación existente bajo el agua se traduce en hojas con sólo unas pocas células de espesor y epidermis provista de cloroplastos. En concordancia con la lenta difusión de los gases en el agua, las hojas suelen presentarse divididas en finas lacinias, lo cual aumenta la superficie de absorción; además, la cutícula es muy tenue. El mesófilo foliar, si existe, está representado por un tejido con grandes espacios intercelulares llenos de aire. Los estomas han desaparecido. El sistema de vasos conductores de agua está muy poco desarrollado y, dada la flotabilidad de tallos y hojas, no existe tejido de sostén, ni crecimiento secundario en grosor.

El tránsito a la vegetación terrestre: las turberas

En toda cubeta lacustre, la continua sedimentación de materia orgánica y de materiales terrígenos conlleva una progresiva disminución de la profundidad de la misma. Paralelamente se desarrolla un proceso de sucesión ecológica en la vegetación acuática: los cinturones de macrófitos de hojas flotantes y macrófitos emergentes avanzan hacia el centro de la cubeta, dominando finalmente estos últimos.

En esta etapa de la sucesión, conocida como *marjal*, el agua empapa el sedimento, pero no la hay libre entre la vegetación. La ulterior acumulación de materia orgánica procedente de los macrófitos emergentes inicia un proceso de *turbificación* (formación de turba) que favorece el asentamiento de una nueva comunidad vegetal —una *turbera*— de carácter netamente acidófilo: gramíneas, ciperáceas y, en climas especialmente húmedos, musgos.

En el continente euroasiático, las turberas cubren enormes extensiones del dominio de los bosques boreales de coníferas. En estas tierras, donde la precipitación es mayor que la evaporación, el excedente de agua no encuentra salida hacia un curso fluvial, el suelo se encharca y se origina una turbera.

En Sudamérica, en las islas y costas más australes, expuestas al embate directo de los vientos del oeste, se crea un clima uniformemente frío durante todo el año y muy lluvioso, con precipi-

taciones de hasta 5 000 mm anuales, bajo el cual prospera toda una serie de comunidades vegetales agrupadas con el nombre de «tundra magallánica», que en realidad son turberas.

¿Qué es la turba?

La turba es un material carbonoso, constituido por restos vegetales a medio descomponer. Por supuesto, en los climas fríos, las bajas temperaturas ambientales no favorecen una descomposición rápida, pero ésta no es la razón primaria de que se forme la turba. En los marjales, la acumulación de materia orgánica de los macrófitos emergentes, reforzada por su propia resistencia a la descomposición y la alta productividad vegetal, provoca una fuerte acidificación del suelo. Los suelos boreales, lo mismo que los de la tundra magallánica, ya son de natural ácidos y pobres en sales minerales. Súmese a ello el encharcamiento del suelo, que en presencia de una gran cantidad de materia orgánica produce anoxia (falta de oxígeno). En estas condiciones, la materia vegetal muerta se convierte en un humus ácido, muy pobre en nitrógeno (la turba), resistente al ataque de las bacterias y los hongos —máximos responsables de la mineralización de la materia orgánica en el suelo—. Junto a las sustancias húmicas aparecen fenoles, quinonas y ácidos orgánicos fenólicos, con un extraordinario efecto inhibidor sobre la acción descomponedora de las bacterias: el magnífico estado de conservación de cuerpos humanos colocados en lechos de turba hace más de 2 000 años, da testimonio de sus excelentes propiedades antisépticas.

ÍNDICE

Índice